普通高等教育"十三五"规划教材
应用型本科院校规划教材

概率论与数理统计
教材配套练习册

主　编　于惠春　郭夕敬
副主编　黄　旭　肖亿军

科学出版社
北　京

内 容 简 介

本书是《概率论与数理统计》(主编于惠春, 郭夕敬, 科学出版社)的配套练习册, 全书分两部分, 第一部分为"内容篇", 依照主教材的章节顺序依次编排, 按章编写, 每章又分"本章教学要求及重点难点"和"内容提要"两个模块, 对每章内容进行了系统归纳与总结, 便于读者学习. 第二部分为"测试篇", 共有八套单元自测题, 分别对应每一章内容, 另有三套综合训练题, 方便读者进行自我测试.

图书在版编目(CIP)数据

概率论与数理统计: 含练习册/于惠春, 郭夕敬主编. —北京: 科学出版社, 2019.1

普通高等教育"十三五"规划教材·应用型本科院校规划教材
ISBN 978-7-03-060099-8

I. ①概··· II. ①于··· ②郭··· III. ①概率论-高等学校-教材 ②数理统计-高等学校-教材 IV. ① O21

中国版本图书馆 CIP 数据核字 (2018) 第 292102 号

责任编辑: 昌 盛 梁 清 孙翠勤 / 责任校对: 杨聪敏
责任印制: 徐晓晨 / 封面设计: 迷底书装

科 学 出 版 社 出版
北京东黄城根北街 16 号
邮政编码: 100717
http://www.sciencep.com

北京捷迅佳彩印刷有限公司 印刷
科学出版社发行 各地新华书店经销
*

2019 年 1 月第 一 版 开本: 720 × 1000 1/16
2019 年 7 月第二次印刷 印张: 24 1/2
字数: 494 000
定价: 59.00 元(含练习册)
(如有印装质量问题, 我社负责调换)

目　录

内　容　篇

测　试　篇

目 录

内 容 篇

第1章 随机事件与概率

一、本章教学要求及重点难点

本章教学要求:

(1) 理解随机事件的概念, 了解随机试验、样本空间的概念, 掌握事件之间的关系与运算.

(2) 了解概率的各种定义, 掌握概率的基本性质并能运用这些性质进行概率计算.

(3) 理解条件概率的概念, 掌握概率的乘法公式、全概率公式、贝叶斯公式, 并能运用这些公式进行概率计算.

(4) 理解事件的独立性概念, 掌握运用事件独立性进行概率计算.

(5) 掌握伯努利概型及其计算, 能够将实际问题归结为伯努利概型, 然后用二项概率计算有关事件的概率.

本章重点难点:

随机事件的概率计算.

二、内容提要

1. 基本概念

(1) **随机试验** 如果试验具有如下特点:

①能明确指出试验中所有可能出现的结果, 且结果多于一个;

②试验未结束之前, 不能预知哪种结果会出现;

③在相同条件下可重复进行.

(2) **样本空间** 试验 E 中所有可能出现的样本点组成的集合, 记为 Ω.

样本点 试验 E 中每一个可能出现的结果, 记为 ω.

(3) **随机事件** 试验 E 的样本空间 Ω 的子集记为 A, B, C, $\cdots$.

事件 A 发生 设 A 为事件, 若试验中出现的样本点 $\omega \in A$.

2. 事件之间的关系与运算

(1) 事件之间的四种关系:

①**包含关系** 若 $A \subset B$, 则称事件 B **包含**事件 A, 即在一次试验中, 若事件 A 发生, 则事件 B 必然发生.

②**相等关系** 若 $A \subset B$, 且 $B \subset A$, 则称事件 A 与事件 B **相等**, 记为 $A = B$, 表明 A 与 B 为同一事件.

③**互斥关系**　若 $AB = \varnothing$，则称事件 A 与 B 是**互不相容(或互斥)事件**，即在一次试验中，事件 A 与 B 不能同时发生.

④**对立关系**　若事件 A，B 满足 $AB = \varnothing$，$A \cup B = \Omega$，则称事件 A 与 B 是互为**对立事件**. 记 $B = \bar{A}$. 于是有 $A\bar{A} = \varnothing$，$A \cup \bar{A} = \Omega$，$\bar{\bar{A}} = A$.

(2)事件之间的三种运算：

①**事件的并**　称 $A \cup B$ 为事件 A 与 B 的**并事件**，当且仅当事件 A 与 B 至少有一个发生时，事件 $A \cup B$ 发生.

②**事件的交**　称 $A \cap B$（或 AB）为事件 A 与 B 的**交事件**，当且仅当事件 A 与 B 同时发生时，事件 AB 发生.

③**事件的差**　称 $A - B$ 为事件 A 与 B 的**差事件**，当且仅当事件 A 发生而事件 B 不发生时，事件 $A - B$ 发生.

(3)运算律：

①**交换律**　$A \cup B = B \cup A$，$AB = BA$；

②**结合律**　$(A \cup B) \cup C = A \cup (B \cup C)$，$(AB)C = A(BC)$；

③**分配律**　$(A \cup B)C = AC \cup BC$，$(AB) \cup C = (A \cup C)(B \cup C)$；

④**对偶律**　$\overline{A \cup B} = \bar{A}\bar{B}$，$\overline{AB} = \bar{A} \cup \bar{B}$；

⑤**对差事件运算满足**　$A - B = A - AB = A\bar{B}$.

3. 随机事件的概率及性质

(1)公理化定义：设试验 E 的样本空间为 Ω，对于 E 的每一个事件 A，有一确定的实数与之对应，记为 $P(A)$，如果 $P(A)$ 满足下列三条公理：

公理 1　**非负性**　$0 \leqslant P(A) \leqslant 1$；

公理 2　**规范性**　$P(\Omega) = 1$；

公理 3　**可列可加性**　设 A_1，A_2，$\cdots$ 两两互不相容，即对于 $i \neq j$，$A_i A_j = \varnothing$，$i, j = 1, 2, \cdots$，有 $P\left(\bigcup\limits_{i=1}^{\infty} A_i\right) = \sum\limits_{i=1}^{\infty} P(A_i)$. 则称 $P(A)$ 为事件 A 的概率.

(2)概率性质：

性质 1　$P(\varnothing) = 0$.

性质 2(有限可加性)　若 A_1，A_2，$\cdots$，A_n 为两两互不相容事件，则有

$$P\left(\bigcup_{i=1}^{n} A_i\right) = \sum_{i=1}^{n} P(A_i).$$

性质 3　设 A 为任意事件，则有 $P(\bar{A}) = 1 - P(A)$.

性质 4　设 A，B 为事件，若 $A \subset B$，则有

$$P(B-A)=P(B)-P(A)，且 P(A) \leqslant P(B).$$

性质 5(加法公式) 设 A，B 为任意两个事件，则有

$$P(A \bigcup B)=P(A)+P(B)-P(AB).$$

4. 古典概型与几何概型

(1)古典概型: ①样本空间 Ω 中包含有限多个样本点; ②每个样本点发生的可能性相同(等可能性).

计算公式: $P(A)=\sum_{z=1}^{k}P(\{\omega_{i_z}\})=\dfrac{k}{n}=\dfrac{A中包含的样本点数}{\Omega中样本点总数}$

(2)几何概型: ①样本空间 Ω 中包含无限多个样本点; ②每个样本点发生的可能性相同(等可能性).

计算公式: $P(A)=\dfrac{\sigma(A)}{\sigma(\Omega)}.$

5. 计算公式

(1)**条件概率** $P(B|A)=\dfrac{P(AB)}{P(A)}$，$P(A)>0$.

(2)**乘法公式** 设 $P(A)>0$，则 $P(AB)=P(A)P(B|A)$.

(3)**全概率公式** 设试验 E 的样本空间为 Ω，事件 A_1，A_2，$\cdots$，A_n 为 Ω 的一个划分，且 $P(A_i)>0$ $(i=1,2,\cdots,n)$，对任一事件 B，有 $P(B)=\sum_{i=1}^{n}P(A_i)P(B|A_i)$.

(4)**贝叶斯公式** 设试验 E 的样本空间为 Ω，A_1，A_2，$\cdots$，A_n 为 Ω 的一个划分，且 $P(A_i)>0$ $(i=1,2,\cdots,n)$，则对任一事件 B，$P(B)>0$，有

$$P(A_i|B)=\dfrac{P(A_i)P(B|A_i)}{\sum_{j=1}^{n}P(A_j)P(B|A_i)} \quad (i=1,2,\cdots,n).$$

6. 事件的独立性

(1)两个事件的独立:

①定义: 设 A，B 为事件，若 $P(AB)=P(A)P(B)$.

②性质: **定理 1**(A，B 独立的充要条件) 设 A，B 为两个事件，且 $P(A)>0$，则 A，B 独立的充要条件是

$$P(B|A)=P(B).$$

定理 2　若事件 A 与 B 独立, 则 A 与 $\bar{B}$, $\bar{A}$ 与 B, $\bar{A}$ 与 $\bar{B}$ 也分别独立.

(2) 三个事件的独立: 设 A, B, C 为三个事件, 若下面四个等式同时成立:

① $P(AB) = P(A)P(B)$;

② $P(BC) = P(B)P(C)$;

③ $P(AC) = P(A)P(C)$;

④ $P(ABC) = P(A)P(B)P(C)$,

则称事件 A, B, C **相互独立**, 简称 A, B, C **独立**.

注　三个事件 A, B, C 独立, 一定有 A, B, C 两两独立; 反之不一定成立.

7. **独立试验序列**

(1) 定义: 若有一系列试验, 满足下列三条:

① 若试验 E 只有两种可能结果: 事件 A 发生或事件 A 不发生;

② 在相同的条件下, 将试验 E 重复进行 n 次;

③ 各次试验的结果相互独立: 每次试验中事件 A 发生与否不影响其他次试验中事件 A 的发生与否, 称这 n 次独立重复试验为 n **重伯努利试验**.

(2) 性质: 设在每次试验中, $P(A) = p\ (0 < p < 1)$, 记 "在 n 重伯努利试验中事件 A 恰好发生 k 次" 的概率为 $P_n(k)$, 则 $P_n(k) = C_n^k p^k (1-p)^{n-k}$, $k = 0, 1, 2, \cdots, n$.

第 2 章　随机变量及其分布

一、本章教学要求及重点难点

本章教学要求:

(1)理解随机变量及其分布函数的概念, 掌握其性质.

(2)理解离散型随机变量的概念及其分布律的概念和性质.

(3)理解连续型随机变量及其概率密度函数的概念, 掌握概率密度函数的性质. 会利用分布律、概率密度函数及分布函数计算有关事件的概率.

(4)会求简单的随机变量函数的概率分布.

本章重点难点:

(1)离散型随机变量的分布及其概率计算.

(2)连续型随机变量及其概率密度函数的概念, 概率密度函数的性质. 利用分布律、概率密度函数及分布函数计算有关事件的概率.

(3)随机变量函数的概率分布.

二、内容提要

1. 随机变量及其分布

(1)随机变量定义: 设试验 E 的样本空间为 Ω, 对于每一个样本点 $\omega \in \Omega$, 都有唯一确定的实数 $X(\omega)$ 与之对应, 记作 $X = X(\omega)$, 则称 $X(\omega)$ 是一个**随机变量** (简记为 X).

(2)分布函数定义: 设 X 是一个随机变量, 称函数 $F(x) = P\{X \leqslant x\}$ $(-\infty < x < +\infty)$ **为随机变量 X 的分布函数**.

(3)分布函数的性质:

① $0 \leqslant F(x) \leqslant 1$, 且 $\lim\limits_{x \to -\infty} F(x) = 0$, $\lim\limits_{x \to +\infty} F(x) = 1$;

② $F(x)$ 是单调不减的, 即当 $x_1 < x_2$ 时, $F(x_1) \leqslant F(x_2)$;

③ $F(x)$ 是右连续的, 即 $F(x_0 + 0) = \lim\limits_{x \to x_0^+} F(x) = F(x_0)$ $(-\infty < x_0 < +\infty)$;

④ $P\{a < X \leqslant b\} = P\{X \leqslant b\} - P\{X \leqslant a\} = F(b) - F(a)$.

2. 离散型随机变量

(1)离散型随机变量及其分布律:

①如果随机变量 X 的全部可能取值, 只有有限个或可列无限多个, 则称 X 为

离散型随机变量.

②设离散型随机变量 X 的所有可能取值为 x_i $(i=1,2,\cdots)$, X 取各个可能值的概率为

$$P\{X=x_i\}=p_i \quad (i=1,2,\cdots),$$ I

或写成表格形式

X	x_1	x_2	$\cdots$	x_i	$\cdots$
P	p_1	p_2	$\cdots$	p_i	$\cdots$

II

则称 I 或 II 为**离散型随机变量** X **的概率分布律**, 简称为 X 的**分布律**.

(2)常见的离散型分布:

①**两点分布**((0-1)**分布**) 若随机变量 X 只可能取 0 和 1, 它的分布律为

X	0	1
P	$1-p$	p

或

$$P\{X=k\}=p^k(1-p)^{1-k}, \quad k=0,1,$$

其中 $0<p<1$, 则称 X 服从参数为 p 的**两点分布**(或(0-1)**分布**).

②**二项分布** 在 n 重伯努利试验或 n 次独立重复试验中, 设事件 A 发生的概率为 p $(0<p<1)$, 用 X 表示 n 次独立重复试验中事件 A 发生的次数, 则 X 的可能取值为 0, 1, 2, $\cdots$, n, 由二项概率公式有

$$P\{X=k\}=C_n^k p^k(1-p)^{n-k}, \quad k=0,1,2,\cdots,n,$$

则称随机变量 X 服从参数为 n,p 的**二项分布**. 记 $X\sim B(n,p)$ $(0<p<1)$.

③**泊松分布** 设随机变量 X 的分布律为

$$P\{X=k\}=\frac{\lambda^k \mathrm{e}^{-\lambda}}{k!}, \quad k=0,1,2,\cdots,$$

其中 $\lambda>0$ 为常数, 则称随机变量 X 服从参数为 λ 的**泊松分布**, 记为 $X\sim P(\lambda)$.

3. 连续型随机变量

(1)连续型随机变量及其密度函数.

①**定义** 设随机变量 X 的分布函数为 $F(x)$, 若存在非负可积函数 $f(x)$, 使

对于一切实数 x, 有

$$F(x) = P\{X \leqslant x\} = \int_{-\infty}^{x} f(t)\mathrm{d}t \quad (-\infty < x < +\infty),$$

则称 X 为**连续型随机变量**, 称 $f(x)$ 为 X 的**概率密度函数**, 简称概率密度或密度函数.

②**密度函数的性质:**

性质 1　$f(x) \geqslant 0 \ (-\infty < x < +\infty)$;

性质 2　$\displaystyle\int_{-\infty}^{+\infty} f(x)\mathrm{d}x = 1$;

性质 3　对于任意的实数 $a < b$, 有

$$P\{a < X \leqslant b\} = F(b) - F(a) = \int_{a}^{b} f(x)\mathrm{d}x = P\{a \leqslant X < b\}$$
$$= P\{a \leqslant X \leqslant b\} = P\{a < X < b\};$$

性质 4　在 $f(x)$ 的连续点, 有 $F'(x) = f(x)$;

性质 5　X 取任一指定实数值 C 的概率均为零, 即 $P\{X = C\} = 0$.

(2) 常见的连续型分布.

①**均匀分布**　设随机变量 X 的密度函数为

$$f(x) = \begin{cases} \dfrac{1}{b-a}, & a < x < b, \\ 0, & \text{其他,} \end{cases}$$

其中 a, b 为参数, 且 $a < b$, 则称 X 服从区间 (a,b) 上的**均匀分布**, 记为 $X \sim U(a,b)$.

②**指数分布**　设随机变量 X 的密度函数为

$$f(x) = \begin{cases} \lambda\mathrm{e}^{-\lambda x}, & x > 0, \\ 0, & x \leqslant 0, \end{cases}$$

其中 $\lambda > 0$ 为常数, 则称随机变量 X 服从参数为 λ 的**指数分布**, 记为 $X \sim E(\lambda)$.

③**正态分布**　设随机变量 X 的密度函数为

$$f(x) = \frac{1}{\sqrt{2\pi}\sigma}\mathrm{e}^{-\frac{(x-\mu)^2}{2\sigma^2}} \quad (-\infty < x < +\infty),$$

其中 μ, $\sigma \ (\sigma > 0)$ 为常数, 则称随机变量 X 服从参数为 μ, σ 的**正态分布**, 记为 $X \sim N(\mu, \sigma^2)$, 又称 X 为**正态变量**.

当 $\mu = 0$，$\sigma = 1$ 时，称正态分布 $N(0,1)$ 为**标准正态分布**，其密度函数和分布函数分别记为

$$\varphi(x) = \frac{1}{\sqrt{2\pi}}\mathrm{e}^{-\frac{x^2}{2}} \quad (-\infty < x < +\infty)$$

和

$$\Phi(x) = P\{X \leqslant x\} = \int_{-\infty}^{x} \frac{1}{\sqrt{2\pi}}\mathrm{e}^{-\frac{t^2}{2}}\mathrm{d}t \quad (-\infty < x < +\infty).$$

注　① $\varphi(-x) = \varphi(x)$；

② $\Phi(-x) = 1 - \Phi(x)$，$\Phi(0) = \dfrac{1}{2}$.

③设 $X \sim N(\mu, \sigma^2)$，则 $X^* = \dfrac{X - \mu}{\sigma} \sim N(0,1)$.

4. 随机变量函数的分布

(1)离散型.

一般地，设离散型随机变量 X 的分布律为

X	x_1	x_2	$\cdots$	x_k	$\cdots$
P	p_1	p_2	$\cdots$	p_k	$\cdots$

则 $Y = g(X)$ 的分布律为

$Y = g(X)$	$g(x_1)$	$g(x_2)$	$\cdots$	$g(x_k)$	$\cdots$
P	p_1	p_2	$\cdots$	p_k	$\cdots$

其中 $g(x_1)$，$g(x_2)$，$\cdots$，$g(x_k)$，$\cdots$ 具有各不相同的值. 若 $g(x_i)$ 的值中有相同的，则应把那些相同的值分别合并，同时把对应的概率 p_i 相加.

(2)连续型.

①**分布函数法**　首先求出 $Y = g(X)$ 的分布函数 $F_Y(y)$；由分布函数的定义，对于任意实数 y，

$$F_Y(y) = P\{Y \leqslant y\} = P\{g(X) \leqslant y\} = \int_{x \in D(y)} f_X(x)\mathrm{d}y,$$

其中 $D(y) = \{x \mid g(x) \leqslant y\}$.

其次求分布函数的导数 $F_Y'(y)$，便可得到 Y 的密度函数 $f_Y(y)$，即

$$f_Y(y) = F_Y'(y).$$

②**公式法**　设随变量 X 具有密度函数 $f_X(x)$ $(-\infty < x < +\infty)$，又设 $y = g(x)$ 处处可导且恒有 $g'(x) > 0$（或恒有 $g'(x) < 0$），则 $Y = g(X)$ 是连续型随机变量，其密度函数为

$$f_Y(y) = \begin{cases} f_X[h(y)] \cdot |h'(y)|, & \alpha < y < \beta, \\ 0, & \text{其他.} \end{cases}$$

其 中 $\alpha = \min\{g(-\infty), g(+\infty)\}$，$\beta = \max\{g(-\infty), g(+\infty)\}$，$x = h(y)$ $(\alpha < y < \beta)$ 是 $y = g(x)$ 的反函数.

第3章　多维随机变量及其分布

一、本章教学要求及重点难点

本章教学要求:

(1)理解二维随机变量的概念,理解二维随机变量的联合分布的概念、性质,会利用联合分布函数计算有关事件的概率.

(2)理解二维离散型随机变量的边缘分布律、二维连续型随机变量的联合概率密度函数的概念及性质.

(3)掌握二维连续随机变量的边缘分布与联合分布的关系.

(4)理解随机变量的独立性的概念,掌握二维随机变量独立的条件.

(5)会求随机变量的和、最大值及最小值的分布.

本章重点难点:

(1)二维离散型随机变量的边缘分布律,二维连续型随机变量的联合概率密度函数的概念及性质.

(2)二维连续随机变量的边缘分布与联合分布的关系.

(3)随机变量的独立性的概念,二维随机变量独立的条件.

(4)随机变量的和、最大值及最小值的分布.

二、内容提要

1. 二维随机变量的联合分布函数

(1)**联合分布函数**　设(X,Y)是二维随机变量,对于任意的实数x, y, 称二元函数

$$F(x,y) = P\{\{X \leqslant x\} \bigcap \{Y \leqslant y\}\} \overset{\text{记为}}{=} P\{X \leqslant x, Y \leqslant y\} \quad (-\infty < x, y < +\infty)$$

为二维随机变量(X,Y)的**联合分布函数**.

(2)联合分布函数的性质:

① $0 \leqslant F(x,y) \leqslant 1$, 且 $\lim\limits_{\substack{x \to -\infty \\ y \to -\infty}} F(x,y) = 0$, $\lim\limits_{\substack{x \to +\infty \\ y \to +\infty}} F(x,y) = 1$;

对任一固定的x, $\lim\limits_{y \to -\infty} F(x,y) = 0$;

对任一固定的y, $\lim\limits_{x \to -\infty} F(x,y) = 0$.

② $F(x,y)$关于x和y是单调不减的, 即

y 固定, 当 $x_1 < x_2$ 时, $F(x_1,y) \leqslant F(x_2,y)$,

x 固定, 当 $y_1 < y_2$ 时, $F(x,y_1) \leqslant F(x,y_2)$.

③ $F(x,y)$ 关于 x 和 y 均为右连续函数.

④设 $x_1 < x_2, y_1 < y_2$, 则

$$P\{x_1 < X \leqslant x_2, y_1 < Y \leqslant y_2\} = F(x_2,y_2) - F(x_1,y_2) - F(x_2,y_1) + F(x_1,y_1).$$

2. 二维离散型随机变量及其联合分布律

(1)二维离散型随机变量: 如果二维随机变量 (X,Y) 所有可能取值只有有限对或可列无限多对, 则称 (X,Y) 为二维离散型随机变量.

(2)联合分布律: 设二维离散型随机变量 (X,Y) 的所有可能取值为 (x_i,y_j), $i,j = 1,2,\cdots$, 且 (X,Y) 取各可能值的概率为

$$P\{X = x_i, Y = y_j\} = p_{ij}, \quad i,j = 1,2,\cdots, \qquad \text{I}$$

或写成表格形式:

X \ Y	y_1	y_2	$\cdots$	y_j	$\cdots$	
x_1	p_{11}	p_{12}	$\cdots$	p_{1j}	$\cdots$	
x_2	p_{21}	p_{22}	$\cdots$	p_{2j}	$\cdots$	II
$\vdots$	$\vdots$	$\vdots$		$\vdots$		
x_i	p_{i1}	p_{i2}	$\cdots$	p_{ij}	$\cdots$	
$\vdots$	$\vdots$	$\vdots$		$\vdots$		

则称 I 或 II 为二维离散型随机变量 (X,Y) 的**联合概率分布律**, 简称为 (X,Y) 的**联合分布律**.

(3)联合分布律的性质:

① $0 \leqslant p_{ij} \leqslant 1$, $i,j = 1,2,\cdots$;

② $\sum_i \sum_j p_{ij} = 1$.

(4)边缘分布.

①边缘分布函数: 设 $F(x,y)$ 为二维随机变量 (X,Y) 的联合分布函数为

$$F(x,y) = P\{X \leqslant x, Y \leqslant y\} \quad (-\infty < x, y < +\infty),$$

则关于 X 的边缘分布函数为

$$F_X(x) = \lim_{y \to +\infty} F(x,y),$$

关于 Y 的边缘分布函数为

$$F_Y(y) = \lim_{x \to +\infty} F(x,y).$$

②边缘分布律: 设二维离散型随机变量 (X,Y) 的联合分布律为

$$P\{X = x_i, Y = y_j\} = p_{ij}, \quad i,j = 1,2,\cdots,$$

则关于 X 的边缘分布律为

$$P\{X = x_i\} = \sum_j p_{ij} \overset{\text{记成}}{=} p_i. \quad (i = 1,2,\cdots),$$

关于 Y 的边缘分布律为

$$P\{Y = y_j\} = \sum_i p_{ij} \overset{\text{记成}}{=} p_{\cdot j} \quad (j = 1,2,\cdots).$$

3. 二维连续型随机变量及其联合密度函数

(1)定义: 设 $F(x,y)$ 为二维随机变量 (X,Y) 的联合分布函数, 若存在一个非负可积的二元函数 $f(x,y)$, 使得对于任意的实数 x, y, 有

$$F(x,y) = \int_{-\infty}^{x} \int_{-\infty}^{y} f(u,v)\mathrm{d}u\mathrm{d}v \quad (-\infty < x, y < +\infty),$$

则称 (X,Y) 为**二维连续型随机变量**, 称 $f(x,y)$ 为二维随机变量 (X,Y) 的**联合概率密度函数**, 简称**联合密度函数**.

(2)联合概率的性质:

① $f(x,y) \geqslant 0 \ (-\infty < x, y < +\infty)$;

② $\int_{-\infty}^{+\infty} \int_{-\infty}^{+\infty} f(x,y)\mathrm{d}x\mathrm{d}y = 1$;

③设 G 是 xOy 平面上的区域, 则 (X,Y) 落入区域 G 内的概率为

$$P\{(X,Y) \in G\} = \iint\limits_{G} f(x,y)\mathrm{d}x\mathrm{d}y;$$

④在 $f(x,y)$ 的连续点, 有 $\dfrac{\partial^2 F(x,y)}{\partial x \partial y} = f(x,y)$.

(3)边缘密度函数: 设二维连续型随机变量 (X,Y) 的联合密度函数为 $f(x,y)$,

则关于 X 的边缘密度函数为

$$f_X(x) = \int_{-\infty}^{+\infty} f(x,y)\mathrm{d}y,$$

关于 Y 的边缘密度函数为

$$f_Y(y) = \int_{-\infty}^{+\infty} f(x,y)\mathrm{d}x.$$

4. 随机变量的独立性

(1)定义: 设二维随机变量 (X,Y) 的联合分布函数为 $F(x,y)$, 关于 X 和 Y 的边缘分布函数分别为 $F_X(x)$, $F_Y(x)$, 若对于任意的实数 x, y, 有

$$P\{X \leqslant x, Y \leqslant y\} = P\{X \leqslant x\}P\{Y \leqslant y\},$$

即

$$F(x,y) = F_X(x)F_Y(y),$$

则称随机变量 X **与** Y **相互独立**, 简称 X **与** Y **独立**.

类似地可定义 n 个随机变量独立的定义.

(2)离散型随机变量相互独立的充要条件.

设二维离散型随机变量 (X,Y) 的联合分布律及关于 X 和关于 Y 的边缘分布律分别为

$$P\{X = x_i, Y = y_j\} = p_{ij} \quad (i,j = 1,2,\cdots),$$

$$P\{X = x_i\} = \sum_j p_{ij} = p_{i\cdot} \quad (i = 1,2,\cdots),$$

$$P\{Y = y_j\} = \sum_i p_{ij} = p_{\cdot j} \quad (j = 1,2,\cdots),$$

则 X 与 Y 相互独立的充要条件是

$$P\{X = x_i, Y = y_j\} = P\{X = x_i\} \cdot P\{Y = y_j\},$$

即 $p_{ij} = p_{i\cdot} \cdot p_{\cdot j}$, 对一切 (x_i, y_j), $i,j = 1,2,\cdots$ 都成立.

(3)连续型随机变量相互独立的充要条件.

设二维连续型随机变量 (X,Y) 的联合密度函数及关于 X 和关于 Y 的边缘密度

函数分别为 $f(x,y)$，$f_X(x)$，$f_Y(y)$，则连续型随机变量 X 与 Y 相互独立的充要条件是

$$f(x,y) = f_X(x)f_Y(y)$$

在 $f(x,y)$，$f_X(x)$，$f_Y(y)$ 的一切公共连续点上都成立.

5. 两个常见的分布

(1)二维均匀分布.

若二维随机变量 (X,Y) 的联合密度函数为

$$f(x,y) = \begin{cases} \dfrac{1}{G\text{的面积}}, & (x,y) \in G, \\ 0, & \text{其他}, \end{cases}$$

其中 G 是 xOy 平面上的某个区域, 则称 (X,Y) **服从区域 G 上的均匀分布**.

(2)二维正态分布.

若 (X,Y) 的联合密度函数为

$$f(x,y) = \frac{1}{2\pi\sigma_1\sigma_2\sqrt{1-\rho^2}} \mathrm{e}^{-\frac{1}{2(1-\rho^2)}\left[\frac{(x-\mu_1)^2}{\sigma_1^2} - \frac{2\rho(x-\mu_1)(y-\mu_2)}{\sigma_1\sigma_2} + \frac{(y-\mu_2)^2}{\sigma_2^2}\right]},$$

$$(-\infty < x < +\infty, -\infty < y < +\infty),$$

其中 $\mu_1, \mu_2, \sigma_1, \sigma_2, \rho$ 均为常数, 且 $\sigma_1 > 0, \sigma_2 > 0$，$|\rho| < 1$，则称 (X,Y) 服从**二维正态分布**, 记作 $(X,Y) \sim N(\mu_1, \mu_2, \sigma_1^2, \sigma_2^2, \rho)$.

(3)关于二维正态分布有如下结论.

①设 $(X,Y) \sim N(\mu_1, \mu_2, \sigma_1^2, \sigma_2^2, \rho)$，则 $X \sim N(\mu_1, \sigma_1^2)$，$Y \sim N(\mu_2, \sigma_2^2)$，反之不一定成立.

②设 $X \sim N(\mu_1, \sigma_1^2)$，$Y \sim N(\mu_2, \sigma_2^2)$，且 X 与 Y 相互独立, 则

$$X + Y \sim N(\mu_1 + \mu_2, \sigma_1^2 + \sigma_2^2).$$

③$(X,Y) \sim N(\mu_1, \mu_2, \sigma_1^2, \sigma_2^2, \rho)$，则 X 与 Y 相互独立的充要条件 $\rho = 0$.

6. 条件分布

(1)离散型随机变量的条件分布律.

设二维随机变量 (X,Y) 的联合分布律为 $P\{X = x_i, Y = y_j\} = p_{ij}$，$i,j = 1,2,\cdots$，关于 X 和关于 Y 的边缘分布律分别为

$$P\{X = x_i\} = \sum_j p_{ij} = p_{i\bullet} \quad (i = 1, 2, \cdots)$$

和

$$P\{Y = y_j\} = \sum_i p_{ij} = p_{\bullet j} \quad (j = 1, 2, \cdots),$$

对于固定的 y_j，若 $P\{Y = y_j\} > 0$，则称

$$P\{X = x_i \mid Y = y_j\} = \frac{P\{X = x_i, Y = y_j\}}{P\{Y = y_j\}} = \frac{p_{ij}}{p_{\bullet j}} \quad (i = 1, 2, \cdots) \qquad \text{I}$$

为在 $Y = y_j$ 的条件下随机变量 X 的条件分布律, 或写成表格形式

$X \mid Y = y_j$	x_1	x_2	$\cdots$	x_i	$\cdots$
P	$\dfrac{p_{1j}}{p_{\bullet j}}$	$\dfrac{p_{2j}}{p_{\bullet j}}$	$\cdots$	$\dfrac{p_{ij}}{p_{\bullet j}}$	$\cdots$

同样, 对于固定的 x_i，若 $P\{X = x_i\} > 0$，则称

$$P\{Y = y_j \mid X = x_i\} = \frac{P\{X = x_i, Y = y_j\}}{P\{X = x_i\}} = \frac{p_{ij}}{p_{i\bullet}} \quad (j = 1, 2, \cdots) \qquad \text{II}$$

为在 $X = x_i$ 的条件下随机变量 Y 的条件分布律, 或写成表格形式

$Y \mid X = x_i$	y_1	y_2	$\cdots$	y_j	$\cdots$
P	$\dfrac{p_{i1}}{p_{i\bullet}}$	$\dfrac{p_{i2}}{p_{i\bullet}}$	$\cdots$	$\dfrac{p_{ij}}{p_{i\bullet}}$	$\cdots$

(2) 连续型随机变量的条件概率密度.

设二维随机变量 (X, Y) 的联合密度函数为 $f(x, y)$，关于 X 和关于 Y 的边缘密度函数分别为 $f_X(x)$ 和 $f_Y(y)$.

若对于固定的 y，$f_Y(y) > 0$，则称

$$f_{X|Y}(x \mid y) = \frac{f(x, y)}{f_Y(y)}$$

为在 $Y = y$ 的条件下 X 的条件概率密度.

类似地, 对于固定的 x，$f_X(x) > 0$，则称

$$f_{Y|X}(y \mid x) = \frac{f(x,y)}{f_X(x)}$$

为在 $X = x$ 的条件下 Y 的条件概率密度.

7. 两个随机变量函数的分布

(1) 离散型情形.

设 (X,Y) 是二维离散型随机变量, 其分布律为 $P\{X = x_i, Y = y_j\} = p_{ij}$, $i, j = 1, 2, \cdots$, 则 $Z = g(X,Y)$ 是一维随机变量, 其分布律为

$$P\{Z = z_k\} = P\{z = g(x_i, y_i)\} = p_{ij}.$$

注 若对不同的 (x_i, y_j), $g(x_i, y_j)$ 有相同的值时, 只需把这些相同值对应的概率相加即可.

(2) 连续型情形.

设 (X,Y) 为二维连续型随机变量, 其联合密度函数为 $f(x,y)$, 当 $g(x,y)$ 是二元连续可微函数时, $Z = g(X,Y)$ 是一维连续型随机变量, 则 $Z = g(X,Y)$ 的分布函数为

$$F_Z(z) = P\{Z \leqslant z\} = P\{g(X,Y) \leqslant z\} = P\{(X,Y) \in G\} = \iint\limits_G f(x,y)\mathrm{d}x\mathrm{d}y,$$

其中 $G = \{(x,y) \mid g(x,y) \leqslant z\}$.

$Z = g(X,Y)$ 的密度函数为 $f_Z(z) = F_Z'(z)$.

$Z = X + Y$ 的分布

$$f_Z(z) = \int_{-\infty}^{+\infty} f(x, z-x)\mathrm{d}x = \int_{-\infty}^{+\infty} f(z-y, y)\mathrm{d}y.$$

当 X 与 Y 相互独立时, 有卷积公式

$$f_Z(z) = \int_{-\infty}^{+\infty} f_X(x) f_Y(z-x)\mathrm{d}x = \int_{-\infty}^{+\infty} f_X(z-y) f_Y(y)\mathrm{d}y,$$

记为 $f_X * f_Y$.

(3) $M = \max(X,Y)$ 及 $N = \min(X,Y)$ 的分布.

设随机变量 X 与 Y 相互独立, 其分布函数分别为 $F_X(x)$ 和 $F_Y(y)$.

① 当 X 与 Y 相互独立时,

$$F_{\max}(z) = F_X(z) \cdot F_Y(z).$$

$$F_{\min}(z) = 1 - [1 - F_X(z)] \cdot [1 - F_Y(z)].$$

② X_1, X_i, ⋯, X_n 相互独立时,

$$F_{\max}(z) = \prod_{i=1}^{n} F_{X_i}(z),$$

$$F_{\min}(z) = 1 - \prod_{i=1}^{n}[1 - F_{X_i}(z)].$$

③当 X_1, X_2, ⋯, X_n 相互独立同分布时, 有

$$F_{\max}(z) = [F(z)]^n,$$

$$F_{\min}(z) = 1 - [1 - F(z)]^n.$$

第4章　随机变量的数字特征

一、本章教学要求及重点难点

本章教学要求：

(1)理解随机变量的数学期望、方差的概念，并会运用它们的基本性质计算具体分布的期望、方差.

(2)掌握二项分布、泊松分布、均匀分布、指数分布、正态分布的数学期望和方差.

(3)会根据随机变量 X 的概率分布计算其函数 $g(X)$ 的数学期望 $E[g(X)]$；会根据随机变量 (X,Y) 的联合概率分布计算其函数 $g(X,Y)$ 的数学期望 $E[g(X,Y)]$.

(4)理解协方差、相关系数的概念，掌握它们的性质，并会利用这些性质进行计算，了解矩的概念.

本章重点难点：

随机变量的期望、方差、协方差、相关系数的计算.

二、内容提要

1. 随机变量的数学期望及性质

(1)离散型情形.

设离散型随机变量 X 的分布律为

X	x_1	x_2	…	x_i	…
P	p_1	p_2	…	p_i	…

若级数 $\sum\limits_i x_i p_i$ 绝对收敛，则称级数 $\sum\limits_i x_i p_i$ 的和为随机变量 X 的**数学期望**（或均值），记作 $E(X)$，即

$$E(X) = \sum_i x_i p_i.$$

(2)连续型情形.

设连续型随机变量 X 的密度函数为 $f(x)$，若反常积分 $\int_{-\infty}^{+\infty} x \cdot f(x)\mathrm{d}x$ 绝对收敛，

则称反常积分 $\int_{-\infty}^{+\infty} x \cdot f(x)\mathrm{d}x$ 的积分值为随机变量 X 的**数学期望**, 记为 $E(X)$, 即

$$E(X) = \int_{-\infty}^{+\infty} x \cdot f(x)\mathrm{d}x.$$

(3) 数学期望的性质.

设 $X, Y, X_1, X_2, \cdots, X_n$ 为随机变量, C 为常数, 则数学期望有如下性质:

① $E(C) = C$;

② $E(CX) = CE(X)$;

③ $E(X+Y) = E(X) + E(Y)$; 此性质可推广为

$$E(X_1 + X_2 + \cdots + X_n) = E(X_1) + E(X_2) + \cdots + E(X_n);$$

④若 X 与 Y 相互独立, 则 $E(XY) = E(X) \cdot E(Y)$; 此性质可推广.

若 $X_1, X_2, \cdots, X_n$ 相互独立, 则 $E(X_1 \cdot X_2 \cdots X_n) = E(X_1) \cdot E(X_2) \cdots E(X_n)$.

2. 随机变量函数的数学期望

(1) 离散型情形.

①设离散型随机变量 X 的分布律为 $P\{X = x_i\} = p_i\ (i = 1, 2, \cdots)$, 则 $Y = g(X)$ 的数学期望为

$$E(Y) = E[g(X)] = \sum_i g(x_i) P\{X = x_i\} = \sum_i g(x_i) p_i,$$

其中级数 $\sum_i g(x_i) p_i$ 绝对收敛.

②设二维离散型随机变量 (X, Y) 的联合分布律为

$$P\{X = x_i, Y = y_j\} = p_{ij}, \quad i, j = 1, 2, \cdots,$$

则 $Z = g(X, Y)$ 的数学期望为

$$E(Z) = E[g(X, Y)] = \sum_i \sum_j g(x_i, y_j) p_{ij},$$

其中级数 $\sum_i \sum_j g(x_i, y_j) p_{ij}$ 绝对收敛.

(2) 连续型情形.

①设连续型随机变量 X 的密度函数为 $f(x)$, 则 $Y = g(X)$ 的数学期望为

$$E(Y) = E[g(X)] = \int_{-\infty}^{+\infty} g(x) \cdot f(x)\mathrm{d}x,$$

其中反常积分 $\int_{-\infty}^{+\infty} g(x) \cdot f(x)\mathrm{d}x$ 绝对收敛.

②设二维连续型随机变量 (X, Y) 的联合密度函数为 $f(x, y)$，则 $Z = g(X, Y)$ 的数学期望为

$$E(Z) = E[g(X, Y)] = \int_{-\infty}^{+\infty} \int_{-\infty}^{+\infty} g(x, y) f(x, y)\mathrm{d}x\mathrm{d}y,$$

其中反常积分 $\int_{-\infty}^{+\infty} \int_{-\infty}^{+\infty} g(x, y) f(x, y)\mathrm{d}x\mathrm{d}y$ 绝对收敛.特别地有

$$E(X) = \int_{-\infty}^{+\infty} \int_{-\infty}^{+\infty} x f(x, y)\mathrm{d}x\mathrm{d}y,$$

$$E(Y) = \int_{-\infty}^{+\infty} \int_{-\infty}^{+\infty} y f(x, y)\mathrm{d}x\mathrm{d}y.$$

3. 随机变量的方差及性质

(1)定义: 设 X 为随机变量, 若 $E\{[X - E(X)]^2\}$ 存在, 则称 $E\{[X - E(X)]^2\}$ 为随机变量 X 的**方差**, 记作 $D(X)$, 即

$$D(X) = E\{[X - E(X)]^2\} = E(X^2) - [E(X)]^2.$$

称 $\sigma(X) = \sqrt{D(X)}$ 为 X 的**标准差**.

(2)方差的性质.

设 $X, Y, X_1, X_2, \cdots, X_n$ 为随机变量, C 为常数, 则方差有如下性质:

① $D(C) = 0$;

② $D(CX) = C^2 \cdot D(X)$;

③ $D(X \pm Y) = D(X) + D(Y) \pm 2E\{[X - E(X)][Y - E(Y)]\}$, $D(X + C) = D(X)$;

④若 X 与 Y 相互独立, 则 $D(X \pm Y) = D(X) + D(Y)$.

将性质 4 推广: 设 $X_1, X_2, \cdots, X_n$ 相互独立, $k_1, k_2, \cdots, k_n$ 为一组不全为零的数 $(n \geqslant 2)$, 则

$$D(k_1 X_1 + k_2 X_2 + \cdots + k_n X_n) = \sum_{i=1}^{n} k_i^2 D(X_i).$$

4. 常见随机变量的期望和方差

(1)两点分布: 设 $X \sim B(1, p)$ $(0 < p < 1)$. $E(X) = p$, $D(X) = p(1 - p)$.

(2) 二项分布: 设 $X \sim B(n,p)$ $(0 < p < 1)$, $E(X) = np$, $D(X) = np(1-p)$.

(3) 泊松分布: 设 $X \sim P(\lambda)$ $(\lambda > 0)$, $E(X) = \lambda$, $D(X) = \lambda$.

(4) 均匀分布: 设 $X \sim U(a,b)$ $(a < b)$, $E(X) = \dfrac{a+b}{2}$, $D(X) = \dfrac{(b-a)^2}{12}$.

(5) 指数分布: 设 $X \sim E(\lambda)$ $(\lambda > 0)$, $E(X) = \dfrac{1}{\lambda}$, $D(X) = \dfrac{1}{\lambda^2}$.

(6) 正态分布: 设 $X \sim N(\mu,\sigma^2)$ $(\sigma > 0)$, $E(X) = \mu$, $D(X) = \sigma^2$.

5. 随机变量 X 与 Y 的协方差、相关系数及不相关

(1) 协方差定义: 设 (X,Y) 为二维随机变量, 若 $E\{[X - E(X)][Y - E(Y)]\}$ 存在, 则称它为随机变量 X 与 Y 的**协方差**, 记作 $\mathrm{Cov}(X,Y)$, 即

$$\mathrm{Cov}(X,Y) = E\{[X - E(X)][Y - E(Y)]\}.$$

易得

$$\mathrm{Cov}(X,Y) = E(XY) - E(X)E(Y).$$

(2) 协方差的性质.

① $\mathrm{Cov}(X,X) = D(X)$;

② $\mathrm{Cov}(X,Y) = \mathrm{Cov}(Y,X)$;

③ $\mathrm{Cov}(aX,bY) = ab\,\mathrm{Cov}(X,Y)$;

④ $\mathrm{Cov}(aX + b, cY + d) = ac\,\mathrm{Cov}(X,Y)$;

⑤ $\mathrm{Cov}(X_1 + X_2, Y) = \mathrm{Cov}(X_1, Y) + \mathrm{Cov}(X_2, Y)$.

(3) 相关系数的定义.

设随机变量 X 与 Y 的协方差存在, 且 $D(X) > 0$, $D(Y) > 0$, 则称

$$\rho_{XY} = \frac{\mathrm{Cov}(X,Y)}{\sqrt{D(X)} \cdot \sqrt{D(Y)}}$$

为随机变量 X 与 Y 的相关系数.

(4) 相关系数的性质.

① $\rho_{XY} = \rho_{YX}$;

② $|\rho_{XY}| \leqslant 1$;

③ $|\rho_{XY}| = 1$ 的充要条件是存在常数 a,b, 使得 $P\{Y = aX + b\} = 1$.

(5) 不相关的定义

若随机变量 X 与 Y 的相关系数

$$\rho_{XY} = 0,$$

则称随机变量 X 与 Y **不相关**.

等价定义: 若随机变量 X 与 Y 的协方差

$$\text{Cov}(X,Y) = 0,$$

则称随机变量 X 与 Y **不相关**.

特别指出: 当 X 与 Y 相互独立时, 一定有 X 与 Y 不相关; 反之不一定成立.

6. 矩的概念

设 X 和 Y 为随机变量, k, l 为正整数, 则

X 的 k **阶原点距**(简称 k 阶距)为 $E(X^k)$ $(k = 1, 2, \cdots)$;

X 的 k **阶中心矩**为 $E\{[X - E(X)]^k\}$ $(k = 2, 3, \cdots)$;

X 和 Y 的 $k + l$ 阶**混合中心矩**为 $E\{[X - E(X)]^k [Y - E(Y)]^l\}$ $(k = 1, 2, \cdots; l = 1, 2, \cdots)$.

第5章　大数定律和中心极限定理

一、本章教学要求及重点难点

本章教学要求:

(1) 掌握切比雪夫不等式.

(2) 了解切比雪夫、伯努利、辛钦大数定律成立的条件及结论, 理解其直观意义.

(3) 掌握棣莫弗-拉普拉斯中心极限定理和列维-林德伯格中心极限定理(独立同分布中心极限定理)的结论和应用条件, 并会用相关定理近似计算有关随机事件的概率.

本章重点难点:

运用中心极限定理近似计算有关随机事件的概率.

二、内容提要

1. 切比雪夫不等式

设随机变量 X 具有数学期望 $E(X)$ 和方差 $D(X)$, 则对于任意的正数 $\varepsilon > 0$, 有不等式 $P\{|X - E(X)| \geqslant \varepsilon\} \leqslant \dfrac{D(X)}{\varepsilon^2}$ 成立.

等价形式: $P\{|X - E(X)| < \varepsilon\} \geqslant 1 - \dfrac{D(X)}{\varepsilon^2}$.

2. 大数定律

(1) **伯努利大数定律**　设 n_A 是 n 次独立重复试验中事件 A 发生的次数, 并且事件 A 在每次试验中发生的概率为 $P(A) = p$ $(0 < p < 1)$, 则对于任意正数 $\varepsilon > 0$, 有

$$\lim_{n \to \infty} P\left\{\left|\frac{n_A}{n} - p\right| < \varepsilon\right\} = 1.$$

(2) **切比雪夫大数定律的特殊情况**　设随机变量 $X_1, X_2, \cdots, X_n, \cdots$ 相互独立, 且具有相同的数学期望和方差, $E(X_i) = \mu$, $D(X_i) = \sigma^2$ $(i = 1, 2, \cdots)$, 令 $\overline{X} = \dfrac{1}{n}\sum_{i=1}^{n} X_i$, 则对于任意正数 $\varepsilon > 0$, 有

$$\lim_{n \to \infty} P\left\{\left|\frac{1}{n}\sum_{i=1}^{n} X_i - \mu\right| < \varepsilon\right\} = 1.$$

(3) **辛钦大数定律** 设随机变量 $X_1, X_2, \cdots, X_n, \cdots$ 相互独立，服从相同分布，且具有数学期望 $E(X_i) = \mu$ $(i = 1, 2, \cdots)$，则对于任意正数 $\varepsilon > 0$，有

$$\lim_{n \to \infty} P\left\{ \left| \frac{1}{n} \sum_{i=1}^{n} X_i - \mu \right| < \varepsilon \right\} = 1.$$

3. 中心极限定理

(1) **列维－林德伯格（独立同分布）中心极限定理** 设随机变量 $X_1, X_2, \cdots, X_n, \cdots$ 相互独立，服从相同分布，且具有数学期望和方差：$E(X_i) = \mu$，$D(X_i) = \sigma^2$ $(i = 1, 2, \cdots)$. 将随机变量和 $\sum\limits_{i=1}^{n} X_i$ 标准化，并记为 Y_n，

$$Y_n = \frac{\sum\limits_{i=1}^{n} X_i - E\left(\sum\limits_{i=1}^{n} X_i \right)}{\sqrt{D\left(\sum\limits_{i=1}^{n} X_i \right)}} = \frac{\sum\limits_{i=1}^{n} X_i - n\mu}{\sqrt{n} \cdot \sigma}.$$

再设 Y_n 的分布函数为 $F_n(x)$，则对于任意的实数 x，有

$$\lim_{n \to \infty} F_n(x) = \lim_{n \to \infty} P\left\{ \frac{\sum\limits_{i=1}^{n} X_i - n\mu}{\sqrt{n} \cdot \sigma} \leqslant x \right\} = \int_{-\infty}^{x} \frac{1}{\sqrt{2\pi}} e^{-\frac{t^2}{2}} \, dt = \Phi(x).$$

(2) **棣莫弗－拉普拉斯中心极限定理** 设随机变量 X 服从参数为 n, p $(0 < p < 1)$ 的二项分布，即 $X \sim B(n, p)$，则对于对于任意的实数 x，有

$$\lim_{n \to \infty} P\left\{ \frac{X - np}{\sqrt{np(1-p)}} \leqslant x \right\} = \int_{-\infty}^{x} \frac{1}{\sqrt{2\pi}} e^{-\frac{t^2}{2}} \, dt = \Phi(x).$$

第6章 数理统计的基本概念

一、本章教学要求及重点难点

本章教学要求:

(1)理解总体、个体、简单随机样本和统计量的概念,掌握样本均值、样本方差及样本矩的计算.

(2)了解χ^2分布、t分布和F分布的定义和性质,了解分位数的概念并会查表计算.

(3)掌握正态总体的某些常用统计量的分布.

(4)了解最大次序统计量和最小次序统计量的分布.

本章重点难点:

统计量的概念及其分布.

二、内容提要

1. 基本概念

在数理统计中,将所研究对象的全体称为**总体**;组成总体的每一个研究对象称为**个体**. 从总体 X 随机抽取 n 个个体,得到 n 个随机变量 $X_1,X_2,\cdots,X_n$,称 $X_1,X_2,\cdots,X_n$ 为总体 X 的一个**样本**,n 为**样本容量**;一旦抽样结束,便得到 n 个具体的试验数据,记为 $x_1,x_2,\cdots,x_n$,称它为一组**样本观察值**,简称**样本值**. 彼此独立并且和总体同分布的样本称为**简单随机样本**. 不包含任何未知参数的样本函数称为**统计量**.

2. 重要的统计量

设 $X_1,X_2,\cdots,X_n$ 是来自总体 X 的样本,$x_1,x_2,\cdots,x_n$ 是样本值,定义

样本均值
$$\overline{X} = \frac{1}{n}\sum_{i=1}^{n} X_i;$$

样本方差
$$S^2 = \frac{1}{n-1}\sum_{i=1}^{n}(X_i - \overline{X})^2 = \frac{1}{n-1}\left(\sum_{i=1}^{n} X_i^2 - n\overline{X}^2\right);$$

样本标准差
$$S = \sqrt{S^2} = \sqrt{\frac{1}{n-1}\sum_{i=1}^{n}(X_i - \overline{X})^2};$$

k 阶样本原点矩
$$A_k = \frac{1}{n}\sum_{i=1}^{n} X_i^k,\ k=1,2,\cdots;$$

k 阶样本中心矩　　　$B_k = \dfrac{1}{n}\sum_{i=1}^{n}(X_i - \bar{X})^k,\ k = 2, 3, \cdots;$

次序统计量　　　　$(X_{(1)}, X_{(2)}, \cdots, X_{(n)}) : X_{(1)} \leqslant X_{(2)} \leqslant \cdots \leqslant X_{(n)};$

样本极值　　　　　$X_{(n)}$ 和 $X_{(1)};$

极差　　　　　　　$X_{(n)} - X_{(1)};$

经验分布函数　　　$F_n(x) = \dfrac{\text{不大于}x\text{的样本值的个数}}{n}.$

3. 三个重要分布

(1) χ^2 分布　设随机变量 $X_1, X_2, \cdots, X_n$ 相互独立, 且 $X_i \sim N(0,1)$, $i = 1, 2, \cdots, n$, 则统计量 $\chi^2 = X_1^2 + X_2^2 + \cdots + X_n^2$ 的分布称为自由度为 n 的 χ^2 分布, 记为 $\chi^2 \sim \chi^2(n)$.

注　① 若 $\chi^2 \sim \chi^2(n)$, 则 $E(\chi^2) = n$, $D(\chi^2) = 2n$.

② 可加性: 若 $\chi_i^2 \sim \chi^2(n_i)$, $i = 1, 2, \cdots, m$, 且 $\chi_1^2, \chi_2^2, \cdots, \chi_m^2$ 相互独立, 则

$$\chi_1^2 + \chi_2^2 + \cdots + \chi_m^2 \sim \chi^2(n_1 + n_2 + \cdots + n_m).$$

③ χ^2 分布的分位数: 设 $\chi^2 \sim \chi^2(n)$, 对给定 $\alpha \in (0,1)$, 若实数 $\chi_\alpha^2(n)$ 满足

$$P\{\chi^2 > \chi_\alpha^2(n)\} = \int_{\chi_\alpha^2(n)}^{+\infty} f(x)\mathrm{d}x = \alpha,$$

则称 $\chi_\alpha^2(n)$ 为 χ^2 **分布的上侧 α 分位数**.

(2) t 分布　设 $X \sim N(0,1)$, $Y \sim \chi^2(n)$, 且 X 和 Y 独立, 则称

$$T = \frac{X}{\sqrt{Y/n}}$$

的分布为自由度为 n 的 t **分布**. 记为 $T \sim t(n)$.

注记　① 密度函数 $f(x)$ 关于 y 轴对称, 与标准正态分布的密度函数相似.

② 当 $n \to \infty$ 时, $t(n)$ 分布的密度函数收敛于标准正态分布的密度函数.

③ 分位数: 设 $T \sim t(n)$, 对给定的实数 $\alpha \in (0,1)$, 存在实数 $t_\alpha(n)$, 满足

$$P(T > t_\alpha(n)) = \int_{t_\alpha(n)}^{+\infty} f(x)\mathrm{d}x = \alpha,$$

则称 $t_\alpha(n)$ 为 t **分布的上侧 α 分位数**.

(3) F 分布　若 U 和 V 独立, $U \sim \chi^2(m)$, $V \sim \chi^2(n)$, 则称

$$F = \frac{U/m}{V/n}$$

的分布为自由度为 n_1,n_2 的 **F 分布**. 记为 $F \sim F(n_1,n_2)$.

注记　①若 $F \sim F(n_1,n_2)$, 则 $\dfrac{1}{F} \sim F(n_2,n_1)$.

②若 $T \sim t(n)$, 则 $T^2 \sim F(1,n)$.

③分位数: 设 $F \sim F(n_1,n_2)$, 对给定的实数 $\alpha \in (0,1)$, 存在实数 $F_\alpha(n_1,n_2)$, 满足条件

$$P(F > F_\alpha(n_1,n_2)) = \int_{F_\alpha(n_1,n_2)}^{+\infty} f(x)\mathrm{d}x = \alpha,$$

则称 $F_\alpha(n_1,n_2)$ 为 **F 分布的上侧 α 分位数**.

4. 正态总体下的抽样分布

定理 1　设 $X_1,X_2,\cdots,X_n$ 是来自总体 $N(\mu,\sigma^2)$ 的样本, 则有

(1) $\overline{X} \sim N\left(\mu,\dfrac{\sigma^2}{n}\right)$ 或 $\dfrac{\sqrt{n}(\overline{X}-\mu)}{\sigma} \sim N(0,1)$;

(2) $\dfrac{(n-1)S^2}{\sigma^2} \sim \chi^2(n-1)$;

(3) $\overline{X}$ 和 S^2 独立.

定理 2　设 $X_1,X_2,\cdots,X_n$ 来自正态总体 $N(\mu,\sigma^2)$, 则有 $T = \dfrac{\sqrt{n}(\overline{X}-\mu)}{S} \sim t(n-1)$.

定理 3　设 $X_1,X_2,\cdots,X_m$ 是来自正态总体 $N(\mu_1,\sigma_1^2)$, $Y_1,Y_2,\cdots,Y_n$ 是来自正态总体 $N(\mu_2,\sigma_2^2)$ 的两个独立样本, 记

$$\overline{X} = \frac{1}{n_1}\sum_{i=1}^{n_1} X_i, \quad S_1^2 = \frac{1}{n_1-1}\sum_{i=1}^{n_1}(X_i-\overline{X})^2,$$

$$\overline{Y} = \frac{1}{n_2}\sum_{i=1}^{n_2} Y_i, \quad S_2^2 = \frac{1}{n_2-1}\sum_{i=1}^{n_2}(Y_i-\overline{Y})^2,$$

$$S_\omega^2 = \frac{(n_1-1)S_1^2 + (n_2-1)S_2^2}{n_1+n_2-2},$$

则有

(1) $\dfrac{\sigma_2^2}{\sigma_1^2}\dfrac{S_1^2}{S_2^2} \sim F(n_1-1,n_2-1)$;

(2) 当 $\sigma_1^2 = \sigma_2^2 = \sigma^2$ 时, $T = \dfrac{(\overline{X}-\overline{Y})-(\mu_1-\mu_2)}{S_\omega\sqrt{\dfrac{1}{n_1}+\dfrac{1}{n_2}}} \sim t(n_1+n_2-2)$.

第7章 参数估计

一、本章教学要求及重点难点

本章教学要求:

(1) 理解点估计的概念.

(2) 掌握矩估计法(一阶、二阶)和最大似然估计法.

(3) 了解估计量的评选标准(无偏性、有效性、一致性).

(4) 理解区间估计的概念.

(5) 会求单个正态总体的均值和方差的置信区间.

(6) 会求两个正态总体的均值差和方差比的置信区间.

本章重点难点:

未知参数的矩估计、最大似然估计及正态总体未知参数的区间估计.

二、内容提要

1. 矩估计的步骤

(1) 计算出总体矩 $\mu_l = \mu_l(\theta_1, \theta_2, \cdots, \theta_k) = EX^l$, $l = 1, 2, \cdots, k$;

(2) 建立方程组

$$\begin{cases} \mu_1 = \mu_1(\theta_1, \theta_2, \cdots, \theta_k), \\ \mu_2 = \mu_2(\theta_1, \theta_2, \cdots, \theta_k), \\ \qquad \cdots \cdots \\ \mu_k = \mu_k(\theta_1, \theta_2, \cdots, \theta_k); \end{cases}$$

解之得 $\theta_1, \theta_2, \cdots, \theta_k$ 为

$$\begin{cases} \theta_1 = \theta_1(\mu_1, \mu_2, \cdots, \mu_k), \\ \theta_2 = \theta_2(\mu_1, \mu_2, \cdots, \mu_k), \\ \qquad \cdots \cdots \\ \theta_k = \theta_k(\mu_1, \mu_2, \cdots, \mu_k); \end{cases}$$

(3) 用样本矩 $A_1, A_2, \cdots, A_k$ 代替总体矩 $\mu_1, \mu_2, \cdots, \mu_k$, 得参数的矩估计为

$$\begin{cases} \hat{\theta}_1 = \hat{\theta}_1(A_1, A_2, \cdots, A_k), \\ \hat{\theta}_2 = \hat{\theta}_2(A_1, A_2, \cdots, A_k), \\ \qquad \cdots\cdots \\ \hat{\theta}_k = \hat{\theta}_k(A_1, A_2, \cdots, A_k). \end{cases}$$

2. 最大似然估计的步骤

(1) 写出似然函数 $L(\theta)$;

(2) 取对数得对数似然函数 $\ln L(\theta)$;

(3) 对 $\ln L(\theta)$ 求关于 θ 的导数, 并令其为零, 得似然方程

$$\frac{\mathrm{d}\ln L(\theta)}{\mathrm{d}\theta} = 0,$$

解出最大似然估计 $\hat{\theta}$.

3. 无偏估计量

设 $X_1, X_2, \cdots, X_n$ 是总体 X 的样本, θ 是总体分布中的未知参数, 参数空间为 Θ, $\hat{\theta}(X_1, X_2, \cdots, X_n)$ 为 θ 的一个估计量. 若对任意的 $\theta \in \Theta$, 有

$$E[\hat{\theta}(X_1, X_2, \cdots, X_n)] = \theta,$$

则称 $\hat{\theta}(X_1, X_2, \cdots, X_n)$ 是 θ 的**无偏估计量**.

4. 有效性

设 $\hat{\theta}_1$ 和 $\hat{\theta}_2$ 都是 θ 的无偏估计量. 若对任意的 $\theta \in \Theta$, 有

$$D(\hat{\theta}_1) \leqslant D(\hat{\theta}_2),$$

且至少对某一个 $\theta \in \Theta$ 上面的不等式严格成立, 则称 $\hat{\theta}_1$ 较 $\hat{\theta}_2$ **有效**.

5. 最小方差无偏估计量

设 $\hat{\theta}^*$ 是 θ 的无偏估计量, 若对于 θ 的任何无偏估计量 $\hat{\theta}$ 和任意的 $\theta \in \Theta$, 有

$$D(\hat{\theta}^*) \leqslant D(\hat{\theta}),$$

则称 $\hat{\theta}^*$ 为 θ 的**最小方差无偏估计量**.

6. 相合估计量

设 $\hat{\theta}_n = \hat{\theta}_n(X_1, X_2, \cdots, X_n)$ $(n=1, 2, \cdots)$ 是未知参数 θ 的估计量序列, 如果 $\{\hat{\theta}_n\}$ 依概率收敛于 θ, 即对任意 $\varepsilon > 0$, 有

$$\lim_{n\to\infty}P\{|\hat{\theta}_n-\theta|<\varepsilon\}=1 \quad \text{或} \quad \lim_{n\to\infty}P\{|\hat{\theta}_n-\theta|\geqslant\varepsilon\}=0, \tag{1}$$

则称 $\hat{\theta}_n$ 是 θ 的**相合估计量**或**一致估计量**.

7. 正态总体各种区间估计表

目的	条件	枢轴函数及其分布	$1-\alpha$ 置信区间	$1-\alpha$ 单侧置信下上限
估计 μ	σ^2 已知	$\dfrac{\sqrt{n}(\bar{X}-\mu)}{\sigma}$ $\sim N(0,1)$	$\left(\bar{X}-u_{\alpha/2}\dfrac{\sigma}{\sqrt{n}},\ \bar{X}+u_{\alpha/2}\dfrac{\sigma}{\sqrt{n}}\right)$	$\bar{X}-u_{\alpha}\dfrac{\sigma}{\sqrt{n}}$ $\bar{X}+u_{\alpha}\dfrac{\sigma}{\sqrt{n}}$
	σ^2 未知	$\dfrac{\sqrt{n}(\bar{X}-\mu)}{S}$ $\sim t(n-1)$	$\left(\bar{X}-t_{\alpha/2}(n-1)\dfrac{S}{\sqrt{n}},\ \bar{X}+t_{\alpha/2}(n-1)\dfrac{S}{\sqrt{n}}\right)$	$\bar{X}-t_{\alpha}(n-1)\dfrac{S}{\sqrt{n}}$ $\bar{X}+t_{\alpha}(n-1)\dfrac{S}{\sqrt{n}}$
估计 σ^2	μ 已知	$\dfrac{n\hat{\sigma}^2}{\sigma^2}\sim\chi^2(n)$	$\left(\dfrac{n\hat{\sigma}^2}{\chi^2_{\alpha/2}(n)},\ \dfrac{n\hat{\sigma}^2}{\chi^2_{1-\alpha/2}(n)}\right)$	$\dfrac{n\hat{\sigma}^2}{\chi^2_{\alpha}(n)},\ \dfrac{n\hat{\sigma}^2}{\chi^2_{1-\alpha}(n)}$
	μ 未知	$\dfrac{(n-1)S^2}{\sigma^2}$ $\sim\chi^2(n-1)$	$\left(\dfrac{(n-1)S^2}{\chi^2_{\alpha/2}(n-1)},\ \dfrac{(n-1)S^2}{\chi^2_{1-\alpha/2}(n-1)}\right)$	$\dfrac{(n-1)S^2}{\chi^2_{\alpha}(n-1)},\ \dfrac{(n-1)S^2}{\chi^2_{1-\alpha}(n-1)}$
估计 $\mu_1-\mu_2$	σ_1^2,σ_2^2 已知	$\dfrac{\bar{X}-\bar{Y}-(\mu_1-\mu_2)}{\sqrt{\dfrac{\sigma_1^2}{n_1}+\dfrac{\sigma_2^2}{n_2}}}$ $\sim N(0,1)$	$\left(\bar{X}-\bar{Y}-u_{\alpha/2}\sqrt{\dfrac{\sigma_1^2}{n_1}+\dfrac{\sigma_2^2}{n_2}},\right.$ $\left.\bar{X}-\bar{Y}+u_{\alpha/2}\sqrt{\dfrac{\sigma_1^2}{n_1}+\dfrac{\sigma_2^2}{n_2}}\right)$	$\bar{X}-\bar{Y}-u_{\alpha}\sqrt{\dfrac{\sigma_1^2}{n_1}+\dfrac{\sigma_2^2}{n_2}}$ $\bar{X}-\bar{Y}+u_{\alpha}\sqrt{\dfrac{\sigma_1^2}{n_1}+\dfrac{\sigma_2^2}{n_2}}$
	$\sigma_1^2=\sigma_2^2=\sigma^2$ 但 σ^2 未知	$\dfrac{\bar{X}-\bar{Y}-(\mu_1-\mu_2)}{S_\omega\sqrt{\dfrac{1}{n_1}+\dfrac{1}{n_2}}}$ $\sim t(n_1+n_2-2)$	$\left(\bar{X}-\bar{Y}-t_{\alpha/2}(n_1+n_2-2)S_\omega\sqrt{\dfrac{1}{n_1}+\dfrac{1}{n_2}},\right.$ $\left.\bar{X}-\bar{Y}+t_{\alpha/2}(n_1+n_2-2)S_\omega\sqrt{\dfrac{1}{n_1}+\dfrac{1}{n_2}}\right)$	$\bar{X}-\bar{Y}-t_{\alpha}(n_1+n_2-2)$ $\cdot S_\omega\sqrt{\dfrac{1}{n_1}+\dfrac{1}{n_2}}$ $\bar{X}-\bar{Y}+t_{\alpha}(n_1+n_2-2)$ $\cdot S_\omega\sqrt{\dfrac{1}{n_1}+\dfrac{1}{n_2}}$
估计 $\dfrac{\sigma_1^2}{\sigma_2^2}$		$F=\dfrac{\sigma_2^2}{\sigma_1^2}\cdot\dfrac{S_1^2}{S_2^2}$ $\sim F(n_1-1,n_2-1)$	$\left(\dfrac{1}{F_{\alpha/2}(n_1-1,n_2-1)}\dfrac{S_1^2}{S_2^2},\right.$ $\left.F_{\alpha/2}(n_2-1,n_1-1)\dfrac{S_1^2}{S_2^2}\right)$	$\dfrac{1}{F_{\alpha}(n_1-1,n_2-1)}\dfrac{S_1^2}{S_2^2}$ $F_{\alpha}(n_2-1,n_1-1)\dfrac{S_1^2}{S_2^2}$

第8章 假设检验

一、本章教学要求及重点难点

本章教学要求：

(1) 理解假设检验的概念和思想，掌握假设检验的基本步骤.

(2) 掌握单个正态总体的均值和方差的假设检验.

(3) 了解两个正态总体参数的假设检验.

本章重点难点：

正态总体的均值和方差的假设检验.

二、内容提要

1. 假设检验的基本概念

假设检验是基于样本判定一个关于总体分布的理论假设是否成立的统计方法. 方法的基本思想是当观察到的数据差异达到一定程度时，就会反映与总体理论假设的真实差异，从而拒绝理论假设.

原假设与备择假设是总体分布所处的两种状态的刻画，一般都是根据实际问题的需要以及相关的专业理论知识提出来的. 通常，备择假设的设定反映了收集数据的目的.

检验统计量是统计检验的重要工具，可用于构造观察数据与期望数之间的差异程度. 要求在原假设下分布是完全已知的或可以计算的. 检验的名称是由使用什么统计量来命名的.

否定论证是假设检验的重要推理方法，其要旨在：先假定原假设成立，如果导致观察数据的表现与此假定矛盾，则否定原假设. 通常使用的一个准则是小概率事件的实际推断原理.

2. 两类错误概率

第一类错误概率即原假设成立，而错误地加以拒绝的概率；第二类错误概率即原假设不成立，而错误地接受它的概率.

3. 显著水平检验

在收集数据之前假定一个准则，我们称之为拒绝域，一旦样本观察值落入拒绝域就拒绝原假设. 若在原假设成立条件下，样本落入拒绝域的概率不超过事先设定的 α，则称该拒绝域所代表的检验为显著水平 α 的检验，而称 α 为显著水平.

由定义可知, 所谓显著水平检验就是控制第一类错误概率的检验.

4. 单正态总体参数检验

我们以单正态总体均值 μ 检验为例, 即假定总体 $X \sim N(\mu, \sigma^2)$.

(1)列出问题, 即明确原假设和备择假设. 先设 σ^2 已知, 检验

$$H_0 : \mu = \mu_0 \leftrightarrow H_1 : \mu \neq \mu_0,$$

其中 μ_0 已知.

(2)基于 μ 的估计 $\overline{X}$, 提出检验统计量

$$U = \frac{\overline{X} - \mu_0}{\sigma / \sqrt{n}},$$

U 满足如下要求:

(a)在 H_0 下, U 的分布完全已知, 此处 $U \sim N(0,1)$;

(b)由 U 可诱导出与 H_0 背离的准则, 此处当 $|U|$ 偏大时与 H_0 背离.

(3)对给定水平 α, 构造水平 α 检验的拒绝域

$$(-\infty, -u_{\alpha/2}) \bigcup (u_{\alpha/2}, +\infty),$$

其中 u_α 为标准正态分布的上 α 分位点.

(4)基于数据, 算出 U 的观察值 u, 如 $u \in \mathbf{R}$ 则拒绝 H_0, 否则只能接受 H_0.

这里用的检验统计量是 $U = \dfrac{\overline{X} - \mu_0}{\sigma / \sqrt{n}}$, 所以我们把这种检验法称为 U 检验法.

当 σ^2 未知时, 改检验统计量 U 为

$$T = \frac{\overline{X} - \mu_0}{S / \sqrt{n}},$$

其中 S 为样本标准差. 相应的拒绝域为

$$(-\infty, -t_{\alpha/2}(n-1)) \bigcup (t_{\alpha/2}(n-1), +\infty),$$

$t_\alpha(n-1)$ 为自由度 $n-1$ 的 t 分布的上 α 分位点. 其他的检验步骤相同.

这里用的统计量是 $T = \dfrac{\overline{X} - \mu_0}{S / \sqrt{n}}$, 所以我们把这种检验法称为 t 检验法.

5. 两个正态总体参数的检验

设 $X_1, X_2, \cdots, X_{n_1}$ 是取自正态总体 $N(\mu_1, \sigma_1^2)$ 的样本, $Y_1, Y_2, \cdots, Y_{n_2}$ 是取自正态总

体 $N(\mu_2, \sigma_2^2)$ 的样本, 并且这两个样本相互独立. 记 $\overline{X}$ 和 S_1^2 分别是 $X_1, X_2, \cdots, X_{n_1}$ 的样本均值和样本方差, $\overline{Y}$ 和 S_2^2 分别是 $Y_1, Y_2, \cdots, Y_{n_2}$ 的样本均值和样本方差.

(1) $H_0 : \mu_1 - \mu_2 = \delta \leftrightarrow H_1 : \mu_1 - \mu_2 \neq \delta$.

当 σ_1^2, σ_2^2 已知时, 衡量 $\left| (\overline{X} - \overline{Y}) - \delta \right|$ 的大小可转化为衡量统计量

$$U = \frac{(\overline{X} - \overline{Y}) - \delta}{\sqrt{\sigma_1^2 / n_1 + \sigma_2^2 / n_2}},$$

拒绝域为

$$(-\infty, -u_{\alpha/2}) \bigcup (u_{\alpha/2}, +\infty),$$

这种检验法称为 U 检验法.

当 $\sigma_1^2 = \sigma_2^2 = \sigma^2$ 未知时, 考虑用

$$S_\omega^2 = \frac{(n_1 - 1)S_1^2 + (n_2 - 1)S_2^2}{n_1 + n_2 - 2}$$

代替其中的 σ_1^2, σ_2^2, 得到检验统计量

$$T = \frac{(\overline{X} - \overline{Y}) - \delta}{S_\omega \sqrt{1/n_1 + 1/n_2}},$$

拒绝域为

$$(-\infty, -t_{\alpha/2}(n_1 + n_2 - 2)) \bigcup (t_{\alpha/2}(n_1 + n_2 - 2), +\infty),$$

这种检验法称为 t 检验法.

(2) $H_0 : \sigma_1^2 = \sigma_2^2 \leftrightarrow H_1 \sigma_1^2 \neq \sigma_2^2$.

选取检验统计量

$$F = \frac{S_1^2}{S_2^2},$$

拒绝域为

$$(0, F_{1-\alpha/2}(n_1 - 1, n_2 - 1)) \bigcup (F_{\alpha/2}(n_1 - 1, n_2 - 1), +\infty).$$

这种检验法为 F 检验法.

6. 正态总体参数的假设检验表

总体	原假设 H_0	备择假设 H_1	条件	检验统计量及其分布	拒绝域
单个正态总体	$\mu = \mu_0$	$\mu \neq \mu_0$	方差 σ^2 已知	$U = \dfrac{\bar{X} - \mu_0}{\sigma/\sqrt{n}}$ $\sim N(0,1)$	$\lvert u \rvert > u_{\alpha/2}$
	$\mu \leqslant \mu_0$	$\mu > \mu_0$			$u > u_{\alpha}$
	$\mu \geqslant \mu_0$	$\mu < \mu_0$			$u < -u_{\alpha}$
	$\mu = \mu_0$	$\mu \neq \mu_0$	方差 σ^2 未知	$T = \dfrac{\bar{X} - \mu_0}{S/\sqrt{n}}$ $\sim t(n-1)$	$\lvert t \rvert > t_{\alpha/2}(n-1)$
	$\mu \leqslant \mu_0$	$\mu > \mu_0$			$t > t_{\alpha}(n-1)$
	$\mu \geqslant \mu_0$	$\mu < \mu_0$			$t < -t_{\alpha}(n-1)$
	$\sigma^2 = \sigma_0^2$	$\sigma^2 \neq \sigma_0^2$	均值 μ 未知	$\chi^2 = \dfrac{(n-1)S^2}{\sigma_0^2}$ $\sim \chi^2(n-1)$	$\chi^2 < \chi_{1-\alpha/2}^2(n-1)$ 或 $\chi^2 > \chi_{\alpha/2}^2(n-1)$
	$\sigma^2 \leqslant \sigma_0^2$	$\sigma^2 > \sigma_0^2$			$\chi^2 > \chi_{\alpha}^2(n-1)$
	$\sigma^2 \geqslant \sigma_0^2$	$\sigma^2 < \sigma_0^2$			$\chi^2 < \chi_{1-\alpha}^2(n-1)$
两个正态总体	$\mu_1 - \mu_2 = \delta$	$\mu_1 - \mu_2 \neq \delta$	方差 σ_1^2, σ_2^2 已知	$U = \dfrac{(\bar{X} - \bar{Y}) - \delta}{\sqrt{\sigma_1^2/n_1 + \sigma_2^2/n_2}}$ $\sim N(0,1)$	$\lvert u \rvert > u_{\alpha/2}$
	$\mu_1 - \mu_2 \leqslant \delta$	$\mu_1 - \mu_2 > \delta$			$u > u_{\alpha}$
	$\mu_1 - \mu_2 \geqslant \delta$	$\mu_1 - \mu_2 < \delta$			$u < -u_{\alpha}$
	$\mu_1 - \mu_2 = \delta$	$\mu_1 - \mu_2 \neq \delta$	方差 σ_1^2, σ_2^2 相等但未知	$T = \dfrac{(\bar{X} - \bar{Y}) - \delta}{S_\omega \sqrt{1/n_1 + 1/n_2}}$ $\sim t(n_1 + n_2 - 2)$	$\lvert t \rvert > t_{\alpha/2}(n_1 + n_2 - 2)$
	$\mu_1 - \mu_2 \leqslant \delta$	$\mu_1 - \mu_2 > \delta$			$t > t_{\alpha}(n_1 + n_2 - 2)$
	$\mu_1 - \mu_2 \geqslant \delta$	$\mu_1 - \mu_2 < \delta$			$t < -t_{\alpha}(n_1 + n_2 - 2)$
	$\sigma_1^2 = \sigma_2^2$	$\sigma_1^2 \neq \sigma_2^2$	均值 μ_1, μ_2 未知	$F = \dfrac{S_1^2}{S_2^2}$ $\sim F(n_1 - 1, n_2 - 1)$	$F < F_{1-\alpha/2}(n_1 - 1, n_2 - 1)$ 或 $F > F_{\alpha/2}(n_1 - 1, n_2 - 1)$
	$\sigma_1^2 \leqslant \sigma_2^2$	$\sigma_1^2 > \sigma_2^2$			$F > F_{\alpha}(n_1 - 1, n_2 - 1)$
	$\sigma_1^2 \geqslant \sigma_2^2$	$\sigma_1^2 < \sigma_2^2$			$F < F_{1-\alpha}(n_1 - 1, n_2 - 1)$

测 试 篇

单元自测一 随机事件与概率

专业_____ 班级_____ 姓名_____ 学号_____

一、填空题

1. 设 A, B 是随机事件, $P(A) = 0.7$, $P(B) = 0.5$, $P(A - B) = 0.3$, 则 $P(AB) = $_____, $P(B\bar{A}) = $_____.

2. 设 A, B 是随机事件, $P(A) = 0.4$, $P(B) = 0.3$, $P(AB) = 0.1$, 则 $P(\bar{A}\bar{B}) = $_____.

3. 在区间 $(0,1)$ 中随机地取两个数, 则两数之和小于 1 的概率为_____.

4. 三台机器相互独立运转, 设第一、第二、第三台机器发生故障的概率依次为 0.1, 0.2, 0.3, 则这三台机器中至少有一台发生故障的概率为_____.

5. 设在三次独立试验中, 事件 A 出现的概率相等, 若已知 A 至少出现一次的概率等于 $\dfrac{26}{27}$, 则事件 A 在每次试验中出现的概率 $P(A)$ 为_____.

二、选择题

1. 以 A 表示事件"甲种产品畅销, 乙种产品滞销", 则对立事件 $\bar{A}$ 为( ).

（A）"甲种产品滞销, 乙种产品畅销" （B）"甲、乙产品均畅销"

（C）"甲种产品滞销或乙种产品畅销" （D）"甲种产品滞销"

2. 设 A, B 为两个事件, 则下面四个选项中正确的是( ).

（A）$P(A \cup B) = P(A) + P(B)$ （B）$P(AB) = P(A)P(B)$

（C）$P(B - A) = P(B) - P(A)$ （D）$P(\bar{A} \cup \bar{B}) = 1 - (P(AB))$

3. 对于任意两事件 A 与 B, 与 $A \cup B = B$ 不等价的是( ).

（A）$A \subset B$ （B）$\bar{B} \subset \bar{A}$

（C）$A\bar{B} = \varnothing$ （D）$\bar{A}B = \varnothing$

4. 设 $P(A) = 0.6$, $P(B) = 0.8$, $P(B|A) = 0.8$, 则有( ).

（A）事件 A 与 B 互不相容 （B）事件 A 与 B 互逆

（C）事件 A 与 B 相互独立 （D）$B \subset A$

三、计算题

1. 已知 30 件产品中有 3 件次品，从中随机地取出 2 件，求其中至少有 1 件次品的概率．

2. 甲、乙两人在某一个小时内的某一个时刻随机到达同一地点，他们到达后各停留 10 分钟，求他们没有碰上的概率．

3. 某人有一笔资金, 他投入基金的概率为 0.58, 购买股票的概率为 0.28, 两项都做的概率为 0.19. 求:

(1)已知他已投入基金, 再购买股票的概率是多少?

(2)已知他已购买股票, 再投入基金的概率是多少?

4. 某人有 5 把钥匙, 其中有 2 把能打开门, 每次从中任取 1 把试开房门, 取后不放回, 求第三次才打开房门的概率.

5. 车间有甲、乙、丙 3 台机床生产同一种产品. 已知它们的次品率依次为 0.2,
0.3, 0.1, 生产产品的数量依次为 20%, 30%, 50%, 现从中任取一件, 试求:

(1) 取到的产品是次品的概率;

(2) 此次品是机床乙生产的概率.

单元自测二　随机变量及其分布

专业_____班级_____姓名_____学号_____

一、填空题

1. 已知随机变量 X 只能取 $-1,0,1,2$ 四个数值, 其相应的概率依次为 $\dfrac{1}{2c}$, $\dfrac{3}{4c}$, $\dfrac{5}{8c}$, $\dfrac{1}{8c}$, 则 $c=$_____.

2. 设随机变量 X 的分布律为 $P_k = c\dfrac{\lambda^k}{k!}$, $k=0,1,2,\cdots$; $\lambda>0$ 为常数, 则 $c=$_____.

3. 设随机变量 X 的分布函数为 $F(x)=\begin{cases}1-\mathrm{e}^{-x}, & x>0, \\ 0, & x\leqslant 0.\end{cases}$ 则 $P\{X>3\}=$_____.

4. 设随机变量 $X \sim B(2,p)$, 随机变量 $Y \sim B(3,p)$, 若 $P\{X\geqslant 1\}=\dfrac{5}{9}$, 则 $P\{Y\geqslant 1\}=$_____.

5. 设随机变量 X 的分布函数为 $F(x)=\dfrac{1}{\pi}\left(\dfrac{\pi}{2}+\arctan\dfrac{x}{2}\right)$, 则 X 的密度函数为_____.

二、选择题

1. 如下四个函数哪个是随机变量 X 的分布函数（　　）.

（A）$F(x)=\begin{cases}0, & x<-2, \\ \dfrac{2}{9}, & -2\leqslant x<0, \\ 2, & x\geqslant 2\end{cases}$ 　　　　（B）$F(x)=\begin{cases}0, & x<0, \\ \sin x, & 0\leqslant x<\pi, \\ 1, & x\geqslant \pi\end{cases}$

（C）$F(x)=\begin{cases}0, & x<0, \\ \sin x, & 0\leqslant x<\dfrac{\pi}{2}, \\ 1, & x\geqslant \dfrac{\pi}{2}\end{cases}$ 　　　　（D）$F(x)=\begin{cases}0, & x<0, \\ x-\dfrac{1}{4}, & 0\leqslant x<\dfrac{1}{2}, \\ 1, & x\geqslant \dfrac{1}{2}\end{cases}$

2. 设 $X \sim N(3,2^2)$，则 $P\{1 < X < 5\} = ($ 　　$)$.

（A）$\Phi(5) - \Phi(1)$ 　　　　　　　　　（B）$2\Phi(1) - 1$

（C）$\dfrac{1}{2}\Phi\left(\dfrac{1}{2}\right) - 1$ 　　　　　　　（D）$\Phi\left(\dfrac{5}{4}\right) - \Phi\left(\dfrac{1}{4}\right)$

3. 已知 $X \sim N(\mu,\sigma^2)$，则随 σ 的增大，$P\{|X - \mu| < \sigma\}$（ 　　$)$.

（A）单调增加 　　　　　　　　　　　（B）单调减少

（C）保持不变 　　　　　　　　　　　（D）非单调变化

4. 设随机变量 $X \sim U(1,6)$，则方程 $t^2 + Xt + 1 = 0$ 有实根的概率为（ 　　$)$.

（A）$\dfrac{4}{5}$ 　　　　　（B）1 　　　　　（C）$\dfrac{2}{3}$ 　　　　　（D）$\dfrac{2}{5}$

三、计算题

1. 袋中有 5 个球，分别编号 1, 2,…, 5，从中同时取出 3 个球，用 X 表示取出的球的最小号码，试求：(1) X 的分布律；(2) $P\{X \leqslant 2\}$.

2. 设随机变量 X 的概率密度为

$$f(x)=\begin{cases} k\mathrm{e}^{-3x}, & x>0, \\ 0, & x\leqslant 0. \end{cases}$$

(1) 确定常数 k;

(2) 求 X 的分布函数 $F(x)$;

(3) 求 $P\{1<X\leqslant 2\}$.

3. 某仪器有三只独立工作的同型号电子元件, 其寿命(单位: 小时)均服从参数为 $\dfrac{1}{600}$ 的指数分布, 在仪器使用的最初 200 小时内, 求至少有一只电子元件损坏的概率 p.

4. 设随机变量 X 的分布律为

X	-2	0	1	2
P	0.1	0.2	0.3	0.4

试求: (1) $Y = -2X + 1$ 的分布律; (2) $Z = \sin(X^2)$ 的分布律.

5. 已知 X 服从 $[0,1]$ 上均匀分布, 求 $Y = 3X + 1$ 的概率密度.

6. 设随机变量 X 服从 $(-1,1)$ 内的均匀分布, 求随机变量的函数 $Y = e^X$ 的密度函数 $f_Y(y)$.

单元自测三　多维随机变量及其分布

专业_____班级_____姓名_____学号_____

一、填空题

1. 设二维随机变量 (X, Y) 的联合分布律为

X \ Y	−1	0	1
1	0.1	0	0.2
2	0.2	0.4	0.1

则 $P\{X = 2\} = $ _____, $P\{Y = -1\} = $ _____.

2. 设二维随机变量 (X, Y) 的联合分布律为

X \ Y	1	2	3
1	$\dfrac{1}{4}$	$\dfrac{1}{8}$	$\dfrac{1}{12}$
2	$\dfrac{1}{8}$	α	β

则 α, β 应满足的条件为_____, 若 X 与 Y 相互独立, 则 $\alpha = $ _____, $\beta = $ _____.

3. 设二维随机变量 (X, Y) 服从区域 G 上的均匀分布, G 由曲线 $y = x^2$ 和 $y = x$ 所围成, 则 (X, Y) 的联合密度函数为_____.

4. 设随机变量 $X \sim N(\mu_1, \sigma_1^2)$, $Y \sim N(\mu_2, \sigma_2^2)$, 且 X 与 Y 相互独立, 则 (X, Y) 服从_____.

5. 设随机变量 X 与 Y 相互独立, 且均服从区间 $(0, 1)$ 上的均匀分布, 则 $P\{\max(X, Y) > 1\} = $ _____.

二、选择题

1. 设二维随机变量 (X, Y) 的联合密度函数为

$$f(x, y) = \begin{cases} A e^{-(3x+4y)}, & x > 0, y > 0, \\ 0, & \text{其他.} \end{cases}$$

则常数 A 为（　　）.

（A）12　　　　　　（B）3　　　　　　（C）4　　　　　　（D）7

2. 设随机变量 X 服从区间 $(0,3)$ 上的均匀分布，Y 服从参数为 3 的指数分布，且 X 与 Y 相互独立，则 (X,Y) 的联合密度 $f(x,y)=$（　　）.

（A）$f(x,y)=\begin{cases}\dfrac{1}{3}y^{-3y}, & 0<x<3,y>0,\\ 0, & 其他\end{cases}$　　　　（B）$f(x,y)=\begin{cases}e^{-3y}, & 0<x<3,y>0,\\ 0, & 其他\end{cases}$

（C）$f(x,y)=\begin{cases}3e^{-3y}, & 0<x<3,y>0,\\ 0, & 其他\end{cases}$　　　　（D）$f(x,y)=\begin{cases}e^{-3y}, & x>3,y>0,\\ 0, & 其他\end{cases}$

3. 设二维随机变量 $(X,Y)\sim N(\mu_1,\mu_2,\sigma_1^2,\sigma_2^2,\rho)$，则（　　）.

（A）$X+Y$ 服从正态分布　　　　　　（B）$X-Y$ 服从正态分布

（C）X 及 Y 均服从正态分布　　　　　　（D）$X\cdot Y$ 服从正态分布

4. 设随机变量 X 与 Y 相互独立并且同分布，其概率分布律为

X	0	1
P	$\dfrac{1}{2}$	$\dfrac{1}{2}$

则 $P\{X=Y\}=$（　　）.

（A）1　　　　　　（B）0　　　　　　（C）$-\dfrac{1}{2}$　　　　　　（D）$\dfrac{1}{2}$

5. 设随机变量 X 与 Y 相互独立，其分布函数分别为 $F_X(x)$，$F_Y(y)$ 则 $Z=\min(X,Y)$ 的分布函数 $F_Z(z)=$（　　）.

（A）$1-F_X(z)\cdot F_Y(z)$　　　　　　（B）$F_X(z)\cdot F_Y(z)$

（C）$1-[1-F_X(z)]\cdot[1-F_Y(z)]$　　　　　　（D）$[1-F_X(z)]\cdot[1-F_Y(z)]$

三、计算题

1. 设随机变量 X 和 Y 的分布律分别为 $X\sim\begin{pmatrix}0 & 1\\ \dfrac{1}{4} & \dfrac{3}{4}\end{pmatrix}$，$Y\sim\begin{pmatrix}-1 & 0 & 1\\ \dfrac{1}{4} & \dfrac{1}{4} & \dfrac{1}{2}\end{pmatrix}$，且

$P\{X^2=Y^2\}=1$.

(1) 求二维随机变量 (X,Y) 的联合分布律；

(2) 判断 X 和 Y 是否独立.

2. 设二维随机变量 (X,Y) 的联合概率密度函数是

$$f(x,y)=\begin{cases}3y, & 0<x<y<1, \\ 0, & \text{其他}.\end{cases}$$

试求: (1) $f_X(x)$; (2) $P\{X+Y<1\}$; (3) 判断 X 与 Y 是否独立.

3. 设二维随机变量 (X,Y) 的分布律

X \ Y	−1	0	1
0	0.1	0.2	0.1
1	0.3	0	0.3

求以下随机变量的分布律: (1) $X+Y$; (2) $X\cdot Y$.

4. 设 X 和 Y 是两个相互独立的随机变量, 其概率密度分别为

$$f_X(x)=\begin{cases} \dfrac{1}{3}, & 0 \leqslant x \leqslant 3, \\ 0, & \text{其他.} \end{cases} \qquad f_Y(y)=\begin{cases} \mathrm{e}^{-y}, & y>0, \\ 0, & \text{其他.} \end{cases}$$

求: (1) $P\{Y<X\}$; (2) 随机变量 $Z=X+Y$ 的概率密度.

5. 设随机变量 X 与 Y 的概率分布律为

X	-1	0	1
P	$\dfrac{1}{4}$	$\dfrac{1}{2}$	$\dfrac{1}{4}$

Y	0	1
P	$\dfrac{1}{2}$	$\dfrac{1}{2}$

且 $P\{XY=0\}=1$. 试求: (1) (X,Y) 的联合分布律; (2) 判断 X 与 Y 是否独立.

单元自测四 随机变量的数字特征

专业_____ 班级_____ 姓名_____ 学号_____

一、填空题

1. 设随机变量 $X \sim E\left(\dfrac{1}{3}\right)$，$Y \sim P(2)$，且 X 与 Y 相互独立，$D(X - Y + 2) =$

_____，$E(X - Y + 2) =$ _____.

2. 设随机变量 $X \sim E(\lambda)$，则 $P\{X > E(X)\} =$ _____.

3. 已知随机变量 $X \sim B(n, p)$，且 $E(X) = 2.4$，$D(X) = 1.68$，则二项分布中的参数 $n =$ _____，$p =$ _____.

4. 设 X 和 Y 相互独立，且 $X \sim N(0,1)$，$Y \sim N(1,4)$，则 $P\{X + Y \leqslant 1\} =$ _____.

5. 设随机变量 X 的分布函数为 $F(x) = \begin{cases} 0, & x \leqslant 0, \\ x^3, & 0 < x < 1, \\ 1, & x \geqslant 1. \end{cases}$ 则 $E(X) =$ _____.

二、选择题

1. 设二维随机变量 (X, Y) 的联合密度为 $f(x, y)$，则 $E(XY) = ($ ____ $)$.

（A）$E(X) \cdot E(Y)$ 　　　　　　（B）$\displaystyle\int_{-\infty}^{+\infty}\int_{-\infty}^{+\infty} f(x, y)\mathrm{d}x\mathrm{d}y$

（C）$\displaystyle\int_{-\infty}^{+\infty}\int_{-\infty}^{+\infty} xy \cdot f(x, y)\mathrm{d}x\mathrm{d}y$ 　　（D）都不对

2. 设随机变量 X 和 Y 相互独立，a, b 为常数，则 $D(aX - b) = ($ ____ $)$.

（A）$a^2 D(X) - b^2$ 　　　　　　（B）$a^2 D(X)$

（C）$aD(X) - b$ 　　　　　　（D）$aD(X) + b$

3. 设 X 和 Y 是两个随机变量，a 为常数，则 $\mathrm{Cov}(X + a, Y) = ($ ____ $)$.

（A）$\mathrm{Cov}(X, Y)$ 　　　　　　（B）$a\,\mathrm{Cov}(X, Y)$

（C）$a^2\mathrm{Cov}(X, Y)$ 　　　　　　（D）$a\,\mathrm{Cov}(X, Y)$

4. 设二维随机变量 (X, Y) 服从二维正态分布，则 X 和 Y 不相关与 X 和 Y 相互独立是等价的（ ____ ）.

（A）不一定 　　　　（B）正确 　　　　（C）不正确

5. 设 X 与 Y 是两个随机变量, 若 X 与 Y 不相关, 则一定有 X 与 Y 相互独立 (   ).

(A)不一定　　　　　　　(B)正确　　　　　　　(C)不正确

三、计算题

1. 设二维随机变量 (X,Y) 的联合分布律为

X \ Y	−1	0	1
0	0.07	0.18	0.15
1	0.08	0.32	0.20

求: (1) $E(X)$, $E(Y)$, $E(XY)$; (2) $\mathrm{Cov}(X,Y)$, ρ_{XY}.

2. 设随机变量 (X,Y) 的分布律为

X＼Y	0	1	2
0	$\frac{1}{12}$	$\frac{1}{6}$	$\frac{1}{6}$
1	$\frac{1}{12}$	$\frac{1}{12}$	0
2	$\frac{1}{6}$	$\frac{1}{12}$	$\frac{1}{6}$

试判定 X 与 Y 的相关性和独立性.

3. 设 X 的密度函数为

$$f(x)=\begin{cases} \dfrac{x}{a^2}\mathrm{e}^{-\frac{x^2}{2a^2}}, & x>0 \quad (a\text{为正常数}), \\ 0, & x\leqslant 0, \end{cases}$$

记 $Y=\dfrac{1}{X}$，求 Y 的数学期望 $E(Y)$.

4. 设 (X, Y) 的联合密度函数为

$$f(x, y) = \begin{cases} 2 - x - y, & 0 \leqslant x \leqslant 1, 0 \leqslant y \leqslant 1, \\ 0, & \text{其他}. \end{cases}$$

(1) 判断 X 与 Y 是否相互独立?

(2) 试求: $E(XY)$.

单元自测五　大数定律和中心极限定理

专业_____班级_____姓名_____学号_____

一、填空题

1. 设 $E(X) = \mu$，$D(X) = \sigma^2$，则由利用切比雪夫不等式知 $P\{|X - \mu| < 3\sigma\} \geqslant$ _____.

2. 设随机变量 $X \sim U[-1,3]$，若由切比雪夫不等式有 $P\{|X-1| \geqslant \varepsilon\} \leqslant \dfrac{1}{3}$，则 $\varepsilon =$ _____.

二、计算题

1. 设某电路系统由 100 个相互独立起作用的部件所组成.每个部件正常工作的概率为0.9.为了使整个系统起作用，至少有87个部件正常工作，试用中心极限定理求整个系统起作用的概率. (注：$\Phi(1) = 0.84$，这里 $\Phi(x)$ 为标准正态分布函数.)

2. 计算机在进行数学计算时, 遵从四舍五入原则. 为简单计, 现在对小数点后面第一位进行舍入运算, 则可以认为误差服从 $\left[-\dfrac{1}{2}, \dfrac{1}{2}\right]$ 上的均匀分布. 若在一项计算中进行了 48 次运算, 试用中心极限定理求总误差落在区间 $[-2, 2]$ 上的概率. (注: $\Phi(1) = 0.84$, 这里 $\Phi(x)$ 为标准正态分布函数.)

单元自测六　数理统计的基本概念

专业_____班级_____姓名_____学号_____

一、填空题

1. 设总体 X 服从正态分布 $N(0,1)$，$X_1, X_2, \cdots, X_{10}$ 是来自总体 X 的简单随机样本，则 $\sum_{i=1}^{7} X_i^2 \sim$ _____，$\dfrac{3X_1}{\sqrt{\sum_{i=2}^{10} X_i^2}} \sim$ _____，$\dfrac{\sum_{i=1}^{5} X_i^2}{\sum_{i=6}^{10} X_i^2} \sim$ _____.

2. 设随机变量 $X \sim t(n)(n>1), Y = \dfrac{1}{X^2}$，则 $Y \sim$ _____.

3. 在总体 $N(40, 5^2)$ 中随机抽取一容量为 36 的样本，求样本均值 $\overline{X}$ 落在 38 到 43 之间的概率为_____.

4. 从正态总体 $N(3.4, 6^2)$ 中抽取容量为 n 的样本，如果要求其样本均值位于 $(1.4, 5.4)$ 内的概率不小于 0.95，问样本容量 n 至少应取_____.

二、选择题

1. 在样本函数 $T_1 = \dfrac{X_1 + X_2 + \cdots + X_6}{6}$，$T_2 = X_6 - \theta$，$T_3 = X_6 - E(X_1)$，$T_4 = \max(X_1, X_2, \cdots, X_6)$ 中，统计量有（　　）个.

(A) 0 　　　　(B) 1 　　　　(C) 2 　　　　(D) 3

2. 设 $X_1, X_2, \cdots, X_n(n \geqslant 2)$ 为来自总体 $N(0,1)$ 的简单随机样本，$\overline{X}$ 为样本均值，S^2 为样本方差，则（　　）.

(A) $nS^2 \sim \chi^2(n-1)$ 　　　　　　(B) $\sum_{i=1}^{n}(X_i - \overline{X})^2 \sim \chi^2(n-1)$

(C) $\sum_{i=1}^{n} X_i^2 \sim \chi^2(n-1)$ 　　　　　　(D) $\sum_{i=1}^{n}(X_i - \overline{X})^2 \sim \chi^2(n)$

3. 设随机变量 X 和 Y 都服从标准正态分布，则（　　）.

(A) $X+Y$ 服从正态分布 　　　　　　(B) $X^2 + Y^2$ 服从 χ^2 分布

(C) X^2 和 Y^2 都服从 χ^2 分布 　　　　(D) X^2/Y^2 服从 F 分布

三、计算题

1. 设 $X_1, X_2, \cdots, X_6$ 是来自服从参数为 λ 的泊松分布 $P(\lambda)$ 的样本，试写出样本的联合分布律.

2. 设 $X_1, X_2, \cdots, X_6$ 是来自总体 $U(0,\theta)$ 的样本，$\theta > 0$ 未知.

(1) 写出样本的联合密度函数；

(2) 设样本的一组观察值是 0.5, 1, 0.7, 0.6, 1, 1, 写出样本均值、样本方差和标准差.

单元自测七　参 数 估 计

专业_____班级_____姓名_____学号_____

一、填空题

1. 设 $X_1, X_2, \cdots, X_n$ 是取自总体 X 的样本，若 $X \sim P(\lambda)$，则 λ 的矩估计量为_____，若 $X \sim U(0, \theta)$，则 θ 的矩估计量为_____.

2. 评价估计量优良性的三个标准是_____、_____和_____.

3. 已知一批零件的长度 X（单位：cm）服从正态分布 $N(\mu, 1)$，从中随机地抽取 16 个零件，得到长度的平均值为 $40(\text{cm})$，则 μ 的置信度为 0.95 的置信区间是_____.

4. 设一批零件的长度服从正态分布 $N(\mu, \sigma^2)$，其中 μ, σ^2 均未知. 现从中随机抽取 16 个零件，测得样本均值 $\bar{x} = 20(\text{cm})$，样本标准差 $s = 1(\text{cm})$，则 μ 的置信度为 0.90 的置信区间是_____.

二、计算题

1. 设总体 X 的概率分布为

X	1	2	3
P	$1-\theta$	$\theta - \theta^2$	θ^2

其中 θ $(0 < \theta < 1)$ 是未知参数，利用总体 X 的样本值 3, 1, 3, 1, 2, 3, 求 θ 的矩估计值和最大似然估计值.

2. 设 $X_1, X_2, \cdots, X_n$ 是取自总体 X 的样本，记 N 为 $X_1, X_2, \cdots, X_n$ 中小于1的个数. X 的密度函数为

$$f(x)=\begin{cases} \theta, & 0<x<1, \\ 1-\theta, & 1\leqslant x<2, \\ 0, & \text{其他}, \end{cases}$$

其中 θ 未知，$0<\theta<1$，求 θ 的矩估计量和最大似然估计量.

3. 设 $X_1, X_2, \cdots, X_n$ 是取自总体 X 的样本，X 的密度函数为

$$f(x)=\begin{cases} 2\mathrm{e}^{2(\theta-x)}, & x>\theta, \\ 0, & \text{其他}, \end{cases}$$

其中 θ 未知，$\theta>0$，求 θ 的矩估计量和最大似然估计量，并判断 θ 的矩估计量是否满足无偏性.

4. 设 X_1, X_2, X_3 是取自总体 X 的一个样本, 证明

$$\hat{\mu}_1 = \frac{1}{6}X_1 + \frac{1}{3}X_2 + \frac{1}{2}X_3, \quad \hat{\mu}_2 = \frac{2}{5}X_1 + \frac{1}{5}X_2 + \frac{2}{5}X_3$$

都是总体均值 μ 的无偏估计, 并进一步判断哪一个估计较有效.

5. 假定某商店中一种商品的月销售服从正态分布 $N(\mu, \sigma^2)$, σ 未知. 为了合理地确定对该商品的进货量, 需对 μ 和 σ 作估计, 为此随机抽取七个月, 其销售量分别为 64, 57, 49, 81, 76, 70, 59, 试求 μ 的双侧 0.95 置信区间和方差 σ^2 的双侧 0.90 置信区间.

单元自测八　假 设 检 验

专业_____班级_____姓名_____学号_____

一、填空题

设 $X_1, X_2, \cdots, X_n$ 为来自正态总体 $N(\mu, \sigma^2)$ 的样本，σ^2 未知，现要检验假设 $H_0 : \mu = \mu_0$，则应选取的统计量为_____，当 H_0 成立时，该统计量服从_____分布.

二、计算题

1. 某工厂生产的铁丝抗拉力服从正态分布，且已知其平均抗拉力为 570 千克，标准差为 8 千克. 由于更换原材料，虽然标准差不会有变化，但平均抗拉力可能发生改变，现从生产的铁丝中抽取样本 10 个，求得平均抗拉力为 575 千克，试问：能否认为平均抗拉力无显著变化？（$\alpha = 0.05$）

2. 设某次考试的考生成绩服从正态分布, 从中随机地抽取 36 位考试的成绩, 算得平均成绩为 66.5 分, 标准差为 15 分. 问在显著性水平 0.05 下, 是否可以认为这次考试全体考生的平均成绩为 70 分? 并给出检验过程.

3. 某部门在对某社区住户的消费情况进行的调查报告中, 抽出 9 户为样本, 其每年开支(万美元)依次为

$$4.9 \quad 5.3 \quad 6.5 \quad 5.2 \quad 7.4 \quad 5.4 \quad 6.8 \quad 5.4 \quad 6.3,$$

假定住户消费数据服从正态分布 $N(\mu, \sigma^2)$, μ, σ^2 未知. 试问: 所有住户消费数据的总体方差 $\sigma^2 = 0.3$ 是否可信? ($\alpha = 0.05$)

综合训练一

专业_____ 班级_____ 姓名_____ 学号_____

一、填空题(本大题共 5 小题, 每小题 3 分, 共 15 分)

1. 设事件 A, B 相互独立, 且 $P(A) = 0.2$, $P(B) = 0.8$, 则 $P(A \cup \bar{B}) = $ _____ _____.

2. 在区间 $(0,1)$ 中随机地取两个数, 则两数之和小于 $\frac{1}{2}$ 的概率为_____.

3. 设 X 为连续型随机变量, a 为常数, 则 $P\{X = a\} = $ _____.

4. 设随机变量 $X \sim E\left(\frac{1}{3}\right)$, $Y \sim P(2)$, 且 X 与 Y 相互独立, $D(X - Y + 2) = $ _____.

5. 已知 $X \sim B(2, p)$; $Y \sim B(3, p)$ 且 $P\{X = 1\} = P\{Y = 2\}$, 则 $p = $ _____.

二、选择题(本大题共 5 小题, 每小题 3 分, 共 15 分)

1. 袋子有 20 个黄球, 30 个白球. 今有两人依次随机从袋中各取一球, 取后不放回, 则第二个人取到黄球的概率是( ).

(A) $\frac{1}{5}$ 　　　(B) $\frac{2}{5}$ 　　　(C) $\frac{3}{5}$ 　　　(D) $\frac{4}{5}$

2. 设 $P(A) = 0.5$, $P(B) = 0.6$, $P(B|A) = 0.6$, 则有( ).

(A) 事件 A 与 B 互不相容 　　　(B) 事件 A 与 B 互逆

(C) 事件 A 与 B 相互独立 　　　(D) $B \subset A$

3. 设 $X \sim N(3, 2^2)$, 则 $P\{3 < X < 4\} = ($ 　　　).

(A) $\Phi\left(\frac{1}{2}\right) - \frac{1}{2}$ 　　　(B) $2\Phi(1) - 1$

(C) $\Phi(5) - \Phi(1)$ 　　　(D) $\Phi\left(\frac{5}{4}\right) - \Phi\left(\frac{1}{4}\right)$

4. 设随机变量 $X \sim U(2,3)$, 则方程 $t^2 + Xt + 1 = 0$ 有实根的概率为( ).

(A) $\frac{4}{5}$ 　　　(B) $\frac{2}{5}$ 　　　(C) $\frac{2}{3}$ 　　　(D) 1

5. 设随机变量 X 与 Y 相互独立并且同分布, 其概率分布律为

X	0	1
P	$\dfrac{1}{2}$	$\dfrac{1}{2}$

则 $P\{XY = 0\} = ($　　　$)$.

(A) $\dfrac{1}{4}$ 　　　　　(B) 1 　　　　　(C) $\dfrac{3}{4}$ 　　　　　(D) $\dfrac{1}{2}$

三、计算题 (本大题共 5 小题, 每小题 14 分, 共 70 分)

1. 某工厂有三条生产线生产同一种产品, 该三条流水线的产量分别占总产量的 20%, 30%, 50%, 又这三条流水线的不合格品率为 5%, 4%, 2%,

(1) 现在从出厂的产品中任取一件, 问恰好抽到不合格品的概率为多少?

(2) 已知抽到的是不合格品, 这产品是第三生产线生产的概率是多少?

2. 设随机变量 X 的密度函数为

$$f_X(x) = \begin{cases} cx^2, & 0 < x < 1, \\ 0, & \text{其他}. \end{cases}$$

试求: (1) 常数 c; (2) $Y = X^2$ 的概率密度 $f_Y(y)$.

3. 设二维随机变量 (X,Y) 的联合分布律为

X \ Y	−1	0	1
0	0.1	0.2	0.1
1	0.3	0	0.3

试求: (1) X, Y 的边缘分布律; (2) $\text{Cov}(X, Y)$.

4. 设二维随机变量 (X,Y) 的联合概率密度函数是

$$f(x,y)=\begin{cases} 3y, & 0<x<y<1, \\ 0, & \text{其他.} \end{cases}$$

试求: (1) $f_X(x)$; (2) $P\{X+Y<1\}$.

5. 设总体 X 的概率分布为

X	0	1	2
P	θ^2	$2\theta(1-\theta)$	θ^2

其中 θ $(0<\theta<1)$ 是未知参数, 利用总体 X 的样本值 0, 1, 2, 0, 2, 1, 2, 求 θ 的矩估计值和最大似然估计值.

综合训练二

专业_____ 班级_____ 姓名_____ 学号_____

一、填空题(本大题共 5 小题, 每小题 3 分, 共 15 分)

1. 设 A, B 是随机事件, $P(A) = 0.8$, $P(A-B) = 0.3$, 则 $P(\overline{A} \bigcup \overline{B}) = $_____.

2. 设随机变量 X 的分布函数为 $F(x) = \dfrac{1}{\pi}\left(\dfrac{\pi}{2} + \arctan x\right)$, 则 $P\{0 < X < 1\} = $_____.

3. 设随机变量 X 和 Y 相互独立且同分布, 其中

X	0	1
P	0.5	0.5

则 $P\{X - Y = 0\} = $_____.

4. 设二维随机变量 (X,Y) 在由曲线 $y = \dfrac{1}{x}$ 及直线 $y = 0$, $x = 1$, $x = \mathrm{e}^2$ 所围成的区域 G 上服从均匀分布, 则 (X,Y) 的密度函数 $f(x,y) = $_____.

5. 设随机变量 X 与 Y 相互独立, $X \sim E\left(\dfrac{1}{3}\right)$, $Y \sim U(0,3)$, 则 $D(X - 2Y + 3) = $_____.

二、选择题(本大题共 5 小题, 每小题 3 分, 共 15 分)

1. 在 10 件产品中有 3 件次品, 从中随机地取出 2 件, 则其中至多有 1 件次品的概率为( ).

(A) $\dfrac{14}{15}$ (B) $\dfrac{1}{15}$ (C) $\dfrac{8}{15}$ (D) $\dfrac{7}{15}$

2. 三台机器相互独立运转, 设第一、第二、第三台机器发生故障的概率依次为 0.1, 0.2, 0.3, 则这三台机器中至少有一台发生故障的概率为( ).

(A) 0.504   (B) 0.496   (C) 0.994   (D) 0.006

3. 设随机变量 X 服从 $X \sim N(0,1)$ 上的均匀分布, 以 Y 表示对 X 的三次独立观察中事件 $\left\{X \leqslant \dfrac{1}{3}\right\}$ 出现的次数, 则 $P\{Y = 1\} = $( ).

（A）1　　　　　　　（B）$\dfrac{7}{9}$　　　　　　　（C）$\dfrac{4}{9}$　　　　　　　（D）$\dfrac{1}{9}$

4. 已知 $X \sim N(1, \sigma^2)$，且 $P\{1 < X < 2\} = 0.2$，则 $P\{X < 0\} = ($　　$)$.

（A）0.6　　　　　　　（B）0.5　　　　　　　（C）0.4　　　　　　　（D）0.3

5. 设随机变量 $X_1, X_2, \cdots, X_n (n > 1)$ 独立同分布，且方差 $\sigma^2 > 0$，$Y = \dfrac{1}{n}\sum_{i=1}^{n} X_i$，则 $\mathrm{Cov}(X_1, Y) = ($　　$)$.

（A）$\dfrac{n+2}{n}\sigma^2$　　　　（B）$\dfrac{n+1}{n}\sigma^2$　　　　（C）$\dfrac{1}{n}\sigma^2$　　　　（D）σ^2

三、解答题 (本大题共 5 小题，每小题 14 分，共 70 分)

1. 师徒两人烤同一种蛋糕，并把他们烤的蛋糕放在同一个蛋糕箱中，其中师傅和徒弟烤的蛋糕数量之比为 2∶3，师徒两人把蛋糕烤焦的概率分别为 0.2 和 0.8. 现从蛋糕箱中取出一蛋糕，试求：

(1) 该蛋糕是焦蛋糕的概率；

(2) 已知该蛋糕是焦蛋糕的条件下，该蛋糕由徒弟所烤的概率是多少？

2. 设随机变量 X 的密度函数为 $f(x) = \begin{cases} kx^2, & 0 < x < 2, \\ 0, & 其他. \end{cases}$

试求: (1)常数 k ;

　　　(2)随机变量 $Y = 2X$ 的密度函数.

3. 设二维离散型随机变量 (X, Y) 的分布律为

X＼Y	-1	0	1
-1	0.2	0	0.2
1	0	0.6	0

(1)判断 X 与 Y 是否独立;

(2)验证 X 与 Y 不相关.

4. 设二维连续型随机变量 (X, Y) 的联合密度函数为

$$f(x, y) = \begin{cases} e^{-(x+y)}, & x > 0, y > 0, \\ 0, & \text{其他.} \end{cases}$$

试求: (1) 随机变量 X 的边缘密度函数 $f_X(x)$;

(2) $P\{X + Y < 1\}$.

5. 设总体 X 的密度函数为 $f(x) = \begin{cases} \theta, & 0 < x < 1 \\ 1 - \theta, & 1 \leqslant x < 2, \\ 0, & \text{其他,} \end{cases}$ 其中 $\theta(0 < \theta < 1)$ 是未知

参数, $x_1, x_2, \cdots, x_{10}$ 为来自总体的 10 个样本值, 其中有 8 个样本值处于区间 $(0,1)$ 内, 其余 2 个样本值处在区间 $[1,2)$ 内.

试求: (1) θ 的矩估计值;

(2) θ 的最大似然估计值.

综合训练三

专业_____ 班级_____ 姓名_____ 学号_____

一、填空题(本大题共 5 小题, 每小题 3 分, 共 15 分)

1. 设 A, B 是随机事件, 并且 $P(A) = 0.7$, $P(B) = 0.5$, $P(B - A) = 0.1$, 则 $P(A\bar{B}) = $_____.

2. 概率统计课在抽查测试中有 9 份试卷, 其中 3 份较简单. 由 9 位同学抽签决定自己的试卷(每份试卷对应一题签). 若甲同学最后抽, 则甲同学抽到较简单试卷的概率为_____.

3. 甲、乙两人相约在 10 点到 10 点 30 分之间在某地会面, 先到者等待对方 15 分钟, 过时就离开. 若每个人在半小时内的任意时刻到达, 则甲、乙双方能见面的概率为_____.

4. 设随机变量 $X \sim P(\lambda)$, 且 $P\{X = 1\} = P\{X = 0\}$, 则 $\lambda = $_____.

5. 设 X 和 Y 相互独立, 且 $X \sim N(0,1)$, $Y \sim N(1,4)$, 则 $P(X + Y \leqslant 1) = $_____.

二、选择题(本大题共 5 小题, 每小题 3 分, 共 15 分)

1. 已知随机变量 $X \sim N(\mu, \sigma^2)$, 则随 σ 的增大, $P\{|X - \mu| < 3\sigma\}$ ( ).
(A)单调增加　　(B)单调减少　　(C)保持不变　　(D)非单调变化

2. 设随机变量 $X \sim U(0,5)$, 则方程 $t^2 + Xt + 1 = 0$ 有实根的概率为( ).
(A)$\dfrac{4}{5}$　　　　(B)$\dfrac{3}{5}$　　　　(C)$\dfrac{2}{5}$　　　　(D)$\dfrac{1}{5}$

3. 设二维随机变量 (X,Y) 的联合密度函数为

$$f(x,y) = \begin{cases} A\mathrm{e}^{-(2x+3y)}, & x > 0, y > 0, \\ 0, & \text{其他}. \end{cases}$$

则常数 A 为( ).
(A)6　　　　(B)5　　　　(C)3　　　　(D)2

4. 设随机变量 X 与 Y 相互独立并且同分布, 其概率分布律为

X	0	1
P	$\dfrac{1}{3}$	$\dfrac{2}{3}$

则 $P\{X = Y\} = ($ 　　　 $)$.

（A） $\dfrac{2}{9}$ 　　　　　（B） $\dfrac{1}{3}$ 　　　　　（C） $\dfrac{4}{9}$ 　　　　　（D） $\dfrac{5}{9}$

5. 设随机变量 X 与 Y 相互独立, a, b 为常数, 则 $D(aX - bY) = ($ 　　　 $)$.

（A） $a^2 D(X) - b^2 D(Y)$ 　　　　　　（B） $a^2 D(X) + b^2 D(Y)$

（C） $aD(X) - bD(Y)$ 　　　　　　（D） $aD(X) + bD(Y)$

三、解答题(本大题共 5 小题, 每小题 14 分, 共 70 分)

1. 某人有一笔资金, 他投入基金的概率为 60%, 亏损的概率是 0.2; 购买股票的概率为 30%, 亏损的概率是 0.5; 投资实业的概率是 10%, 亏损的概率是 0.4. 假设此人只选择一种方式投资.

(1)试求此人投资亏损的概率;

(2)如果此人投资已经亏损了, 那么此人选择哪种投资方式的可能性最大?

2. 袋中有 6 个球, 分别编号 1, 2, ···, 5, 6, 从中同时取出 3 个球, 用 X 表示取出的球的最小号码, 试求: (1) X 的分布律; (2) $P\{X \leqslant 2\}$.

3. 设二维连续性随机变量 (X, Y) 的联合密度函数为

$$f(x, y) = \begin{cases} 2, & 0 < x < y, 0 < y < 1, \\ 0, & \text{其他.} \end{cases}$$

求: (1) 关于 X 的边缘密度函数; (2) $P\{X + Y \leqslant 1\}$.

4. 设随机变量 (X,Y) 的联合分布律为

X \ Y	−1	0	1
0	0.07	0.18	0.15
1	0.08	0.32	0.20

证明: (1) X 与 Y 是不相关的; (2) X 与 Y 不是相互独立的.

5. 设总体 X 的分布律为

X	0	1	2	3
P	θ^2	$2\theta(1-\theta)$	θ^2	$1-2\theta$

其中 $\theta\left(0<\theta<\dfrac{1}{2}\right)$ 是未知参数, 利用总体 X 的样本值 1, 0, 3, 1, 2, 3, (1)求 θ 的矩估计值; (2)求 θ 的最大似然估计值.